风景园林理论与实践系列丛书

北京林业大学园林学院　主编

Community Planning Theory and Practice
in the National Park of China

风景名胜区社区规划
理论与实践

王应临　著

中国建筑工业出版社

图书在版编目（CIP）数据

风景名胜区社区规划理论与实践/王应临著. —北京：
中国建筑工业出版社，2019.10
（风景园林理论与实践系列丛书）
ISBN 978-7-112-24006-7

Ⅰ．①风… Ⅱ．①王… Ⅲ．①风景名胜区—规
划—研究 Ⅳ．①TU247.9

中国版本图书馆CIP数据核字（2019）第146469号

责任编辑：杜 洁 兰丽婷
书籍设计：张悟静
责任校对：芦欣甜 张 颖

风景园林理论与实践系列丛书
北京林业大学园林学院 主编

风景名胜区社区规划理论与实践
王应临 著

*
中国建筑工业出版社出版、发行（北京海淀三里河路9号）
各地新华书店、建筑书店经销
北京锋尚制版有限公司制版
北京京华铭诚工贸有限公司印刷
*
开本：880×1230毫米 1/32 印张：7⅜ 字数：241千字
2019年10月第一版 2019年10月第一次印刷
定价：35.00元
ISBN 978 – 7 – 112 –24006 – 7
（34286）

学到广深时，天必奖辛勤

——挚贺风景园林学科博士论文选集出版

人生学无止境，却有成长过程的节点。博士生毕业论文是一个阶段性的重要节点。不仅是毕业与否的问题，而且通过毕业答辩决定是否授予博士学位。而今出版的论文集是博士答辩后的成果，都是专利性的学术成果，实在宝贵，所以首先要对论文作者们和指导博士毕业论文的导师们，以及完成此书的全体工作人员表示诚挚的祝贺和衷心的感谢。前几年我门下的博士毕业生就建议将他们的论文出专集，由于知行合一之难点未突破而只停留在理想阶段。此书则知行合一地付梓出版，值得庆贺。

以往都用"十年寒窗"比喻学生学习艰苦。可是作为博士生，学习时间接近二十年了。小学全面启蒙，中学打下综合的科学基础，大学本科打下专业全面、系统、扎实的基础，攻读硕士学位培养了学科专题科学研究的基础，而博士学位学习是在博大的科学基础上寻求专题精深。我唯恐"博大精深"评价太高，因为尚处于学习的最后阶段，博士后属于工作站的性质。所以我作序的题目是有所抑制的"学到广深时，天必奖辛勤"，就是自然要受到人们的褒奖和深谢他们的辛勤。

"广"是学习的境界，而不仅是数量的统计。1951年汪菊渊、吴良镛两位前辈创立学科时汇集了生物学、观赏园艺学、建筑学和美学多学科的优秀师资对学生进行了综合、全面系统的本科教育。这是可持续的、根本性的"广"，是由风景园林学科特色与生俱来的。就东西方的文化分野和古今的时域而言，基本是东方的、中国的、古代传统的。汪菊渊先生和周维权先生奠定了中国园林史的全面基石。虽也有西方园林史的内容，但缺少亲身体验的机会，因而对西方园林传授相对要弱些。伴随改革开放，我们公派了骨干师资到欧洲攻读博士学位。王向荣教授在德国荣获博士学位，回国工作后带动更多的青年教师留学、进修和考察，这样学科的广度在中西的经纬方面有了很大发展。硕士生增加了欧洲园林的教学实习。西方哲学、建筑学、观赏园艺学、美学和管理学都不同程度地纳入博士毕业论文中。水源的源头多了，水流自然就宽广绵长了。充分发挥中国传统文化包容的特色，化西为中，以中为体，以外为用。中西园林各有千秋。对于学科的认识西比中更广一些，西方园林除一方风水的自然因素外，是由城市规划学发展而来的风景园林学。中国则相对有独立发展的体系，基于导师引进西方园林的推动和影响，博士论文的内容从研究传统名园名景扩展到城规所属城市基础设施的内容，拉近了学科与现代社会生活的距离。诸如《城市规划区绿地系统规划》、《基于绿色基础理论的村镇绿地系统规划研究》、《盐水湿地"生物—生态"景观修复设计》、《基于自然进程的城市水空间整治研究》、《留存乡愁——风景园林的场所策略》、《建筑遗产的环境设计研究》、《现代城市景观基础建设理论与实践》、《从风景园到园林城市》、《乡村景观在风景园林规划与设计中的意义》、《城市公园绿地用水的可持续发展设计理论与方法》、《城市边缘区绿地空间的景观生态规划设计》、《森林资源评估在中国传统木结构建筑修复中的应用》等。从广度言，显然从园林扩展到园林城市乃至大地景物。唯一不足是论题文字繁琐，没有言简意赅地表达。

学问广是深的基础，但广不直接等于深。以上论文的深度表现在历史文献的收集和研究、理出研究内容和方法的逻辑性框架、论述中西历史经验、归纳现时我国的现状成就与不足、提出解决实际问题的策略和途径。鉴于学科是研究空间环境形象的，所以都以图纸和照片印证观点，使人得到从立意构思到通过意匠创造出生动的形象。这是有所创造的，应充分肯定。城市绿地系统规划深入到城市间空白中间层次规划，即从城市发展到城市群去策划绿地。而且城市扩展到村镇绿地系统规划。进一步而言，研究城乡各类型土地资源的利用和改造。含城市水空间、盐水湿地、建筑遗产的环境、城市基础设施用地、乡村景观等。广中有深，深中有广。学到广深时是数十年学科教育的积淀，是几代师生员工共铸的成果。

反映传承和创新中国风景园林传统文化艺术内容的博士论文诸如《景以境出，因借体宜——风景园林规划设计精髓》是吸收、消化后用学生自己的语言总结的传统理论。通过说文解字深探词义、归纳手法、调查研究和投入社会设计实践来探讨这一精髓。《乡村景观在风景园林规划与设计中的意义》从山水画、古园中的乡村景观并结合绍兴水渠滨水绿地等作了中西合璧的研究。《基于自然进程的城市水空间研究》把道法自然落实到自然适应论、自然生态与城市建设、水域自然化，从而得出流域与城市水系结构、水的自然循环和湖泊自然演化诸多的、有所创新的论证。《江南古典园林植物景观地域性特色研究》发挥了从观赏园艺学研究园林设计学的优势。从史出论，别开蹊径，挖掘魏晋建康植物景观格局图、南宋临安皇家园林中之梅堂、元代南村别墅、明清八景文化中与论题相符的内容和"松下焚香、竹间拨阮"、"春涨流江"等文化内容。一些似曾相见又不曾相见的史实。

为本书写序对我是很好的学习。以往我都局限于指导自己的博士生，而这套书现收集的文章是其他导师指导的论文。不了解就没有发言权，评价文章难在掌握分寸，也就是"度"、火候。艺术最难是火候，希望在这方面得到大家的帮助。致力于本书的人已圆满地完成了任务，希望得到广大读者的支持。广无边、深无崖，敬希不吝批评指正，是所至盼。

孟兆祯
2015 年 1 月

前　言

　　风景园林学是以协调人与自然关系为根本使命的学科，而在最能体现中国传统自然山水审美特征、自然与文化资源丰富的风景名胜区内，如何妥善处理人与自然的相互关系、实现人与自然和谐共处是需要重点关注的问题。这一方面源于风景名胜历来就是自然要素与人文要素相互作用产物的本质特征；另一方面也体现了当今国际自然保护领域探讨"人与自然共同演化"可能性的发展趋势。

　　本书以"风景名胜区社区"为切入点，试图探究风景区内人与自然的相互作用关系，针对"风景名胜区社区"进行了深入细致而又全面的剖析。不同于以往风景名胜区保护管理对社区"排除式"的规划思路，试图从社区多重价值的识别出发，探讨风景区内人与自然和谐共处的可能性和实现途径。主要包括三部分内容，分别是：以风景区社区为核心的价值分析体系构建、风景区社区自组织治理途径探讨和风景区社区规划优化。

　　本书的意义体现在以下几个方面：通过深化细化风景区社区规划理论，改善现有风景区社区规划理论严重滞后于实践需求的状况；丰富和充实我国文化和自然遗产地保护管理理论，并为世界范围内同一领域研究提供具有中国特点的研究思路和案例。针对当前中国正在进行的国家公园体制建设，提供有助于实现国家公园社区协调发展的建议和参考。

目 录

第 1 章

绪论

1.1 相关背景

1.1.1 国际背景

社区问题和社区规划是世界国家公园和保护区运动研究与实践的热点领域之一。

20世纪30年代以前，环境主义者主张对保护地（protected areas）实行"消极保护"（negative），即排斥社区的保护。他们认为将保护地圈起来，排除任何人类活动是最好的保护方式[1]。"排除式"（exclusive）管理对当地社区造成很大影响：社区居民不是被驱逐出保护地，就是被禁止或限制传统生活生产方式。因此，很长一段时间内，社区和保护地管理机构之间经常发生严重冲突，保护工作往往由于得不到当地居民的支持而受到阻碍。

值得庆幸的是，自然保护观念在20世纪末发生了转变。越来越多的研究者不再坚持认为当前全球保护区的自然生态都是因为"未被人为干预"而得以保存，过去被认为是"荒野地"（wilderness）的区域，其实大都有人类足迹。人类并非自然界的绝对破坏者，保护地居民在长期与自然生态的互动中，有可能朝着"人与自然共同演化"的方向发展。当然，这种关系有可能由于当地居民社会经济文化变迁等因素而受到影响。因此，许多学者提出证据并主张，生物多样性与文化多样性之间有着复杂而密切的关系，而当地居民在这中间扮演了很重要的承接者的角色[2]。

上述观念转变在20世纪90年代各种国际公约和宪章中均有所体现。其中最重要的是1992年联合国《21世纪章程》中对"可持续发展"内涵的探讨。除了强调保护资源以利于下一代使用外，也主张对原住民（indigenous people）传统生活、土地使用与环境管理方式的保护。同样，《生物多样性公约》也重视原住民传统生态知识与生态经营对自然保护的重要价值[3]。

21世纪初，与此相关的国际研究机构与项目逐渐增多。2000年，世界自然保护联盟（IUCN）的保护地委员会（WCPA）和环境经济社会政策委员会（CEESP）联合设立了专题研究组"原住民、当地社区、公平和保护地"（TILCEPA）。同时，WCPA还同世界自然基金会（WWF）、世界银行（The World Bank）、美国大自然保护协会（TNC）、生物多样性保护网络（BCN）等其他非政府组织一起，在亚非拉美等欠发达国家进行了很多社区援助和能力建设实践项目。

2003年，在南非德班召开第五届世界公园大会，主题为"跨界利益"（benefits beyond boundaries），这是社区观念转变从理论走向实践的重要事件。会议产生的《德班宣言》指出了过去对社区问题的忽视，呼吁社区应有的权益。随后，Phillips和IUCN均就社区问题发表了相关著作，用于指导保护地社区实践[4]。在2009保护地管理有效性全球回顾报告中显示，保护地生物多样性保护与社会公平利益和当地社区原住民参与之间有着直接的统计相关性。

2011年底，IUCN的全球保护地项目（GAPA）提出了其未来3年的五大工作主题，社区合作即共同管理战略位列其中。同时该主题也作为2012年9月召开的世界保护大会讨论2013～2016年规划的主要议题[5]。

除了IUCN，联合国教科文组织世界遗产中心也十分重视遗产地的社区问题。2003年5月，在荷兰阿姆斯特丹召开的世界遗产委员会专家会议主题为"联系世界价值和地方价值：管理世界遗产可持续的未来"。此次会议针对遗产地内的社区问题进行了广泛和深入探讨，认为当地社区应参与到遗产地管理的各个方面，并为其可持续的经济社会发展寻求机会。在世界遗产申报和定期报告中，社区的发展情况已经成为遗产管理状况的重要评价指标。2012年是世界遗产公约颁布40周年，世界遗产委员会将主题定为"世界遗产与可持续发展：当地社区的作用"（world heritage and sustainable development: the role of local communities），进一步体现出遗产地社区的重要地位。

同时，世界其他国家和地区也在社区方面做出了有益的实践研究。如英国在国家公园（National Park）和国家杰出风景地（AONBs）进行的乡村景观评价、社区参与和社区规划实践；美国、加拿大、澳大利亚和新西兰等国对国家公园原住民社区的立法、共管与规划实践；尼泊尔通过保护地缓冲区的管理规划手段解决其社区的发展问题等。

1.1.2　国内背景

根据《风景名胜区条例》（下文简称《条例》），我国的"风景名胜区"（下文简称"风景区"）是指具有观赏、文化或科学价值，自然景观、人文景观比较集中，环境优美，可供人游览或进行科学、文化活动的区域。风景区的形成源自我国农耕文明时代对天下名山大川的崇拜[6-7]。与以美国为代表的国家公园相比，风景区拥有更深厚的人文积累,其内社区与风景区的关系更为密切,因此社区问题也更为普遍和复杂。

当前风景社区与经济问题已上升为我国风景区管理的核心问题,社区经济发展是引发众多问题的关键[8]。据有关可信调查,1999年55个国家级风景区的居民人口平均密度为268人/km²,是同期我国30个省、市、自治区人口平均密度的2.27倍。其中,居民人口密度在50~100人/km²的约占14%;居民人口密度超过100人/km²的约占73%[9]。在35个编制于2000年之前的风景区规划中,存在社区问题的风景区有32个,占91%。其中60%以上风景区均存在三类问题:不当经营对风景区的直接破坏;工业对风景区环境的污染;过多的居民分布导致风景环境恶化[10]。由此可见,风景区的社区问题值得重视。

但是,反观20世纪的风景区规划研究与实践,社区问题一直没有获得应有的关注。通过对中国学术期刊数据库(CNKI)的论文检索,在2000年之前仅有两篇文章论及风景区社区[11-12]。在35个2000年之前完成的风景区规划中,涉及社区规划的有12个,仅占34%[10]。

21世纪初,随着风景区社区问题日益加重,针对社区的规划内容被纳入风景区总体规划。2000年颁布的《风景名胜区规划规范》(下文简称《规划规范》)规定:"凡含有居民点的风景区,应编制居民点调控规划。"在这之后编制的风景区规划(一般规划期限为2000~2020年)普遍包括社区规划内容。与此同时,与风景区社区相关的研究也随之增多,主要涉及风景区社会系统、居民点体系规划、社区发展模式、社区景观风貌、社区旅游、社区搬迁、社区参与等。

截至目前,在《规划规范》出台之后所编制的风景区规划已经实施了近二十年的时间,与社区相关的规划政策实施效果并不理想。

规划对风景区范围内的社区多采取强制搬迁或衰减的措施,而实际搬迁措施进展缓慢,风景区内居民人口仍然持续上升。例如,五台山风景区总体规划中要求将位于核心景区的台怀镇14个行政村全部搬迁,控制人口数量[13]。然而截至2012年,这14个行政村没有一个完成搬迁,台怀镇人口数量也由2002年的6392人增长为7400人。

按照《规划规范》的要求,风景区内的社区被划分为搬迁型(疏解型)、缩小型、控制型和聚居型四种类型。然而大部分社区居民对所在社区属于哪种类型、不同类型居民点的政策差异并不知情，规划过程严重缺乏居民参与环节。

有的规划对社区内居民的自发经营活动采取了统一规范或外迁的措施，但在规划实施过程中风景区管理局对居民经营活动的管理显得有心无力。例如，九寨沟风景区总体规划曾规划在3～5年内将沟内社区居民的经营活动外迁，借着规划刚刚颁布的热潮，风景区管理局成功停止了景区内的大规模住宿接待活动，但后来景区内的部分居民又重新开始私下进行住宿接待，管理局对此尚未有好的处理对策[14]。

同时，在国家层面也未给风景区社区的管理和规划工作提供充分的法律依据，从而增加了风景区社区规划实施的难度。

在管理方面，根据《条例》，风景区的管理机构是由"县级以上人民政府设置"，为地方政府的派出机构，并不具有行政执法权。因此，一般来说风景区内社区仍归其所在地人民政府管辖。由于风景区管理局负责风景区的保护、利用和统一管理工作，需要对当地社区进行统筹管理。而当地社区往往面临风景区管理局和地方政府多头管理的状况，导致风景区的相关政策在社区难以落实。有的风景区和周边地方政府沟通不畅，带来社区管理缺位的问题。例如，黄山风景区周边的社区一直不承认风景区边界的法律地位和风景区管理局相应的管理权限。

在规划方面，根据《城乡规划法》和《村庄和集镇规划建设管理条例》，重点村庄和集镇应当编制总体规划与建设规划，风景区内的社区更应加强规划工具的运用，但在现实中风景区社区普遍缺乏这个层级的规划，同时现有风景区规划中的社区专项规划也并未达到相应的深度。

在《条例》中并未提及编制社区专项规划的要求，《规划规范》中所规定的居民点调控规划是在默认存在村镇规划的前提下，从风景区保护和旅游发展角度进行的调整和协调。而实际上，因风景区社区在管理上受风景区管理局的领导，其所属的地方行政单位在编制总体规划和详细规划时往往将其排除在外，而风景区总体规划却远达不到社区规划所需要的深度，从而导致风景区内社区的规划缺失。

基于上述背景，需要对风景区社区和社区规划展开研究，全面审视目前规划的实施效果和影响，并系统研究社区治理与规划的理论与实践，为下一轮风景区规划的编制和国家相关法律法规的完善提供来自社区方面的建议。

1.1.3　问题的提出

本书选取风景区社区多重价值的识别作为切入点研究社区规划，是基于以往我国风景区规划对社区持有的"搬迁式"思维模式。这种"一刀切"式的政策冲动体现出了风景区规划对社区价值的忽视：风景区内部社区是否具有价值？如果有，是单一价值还是复合价值？社区价值与风景区整体价值有何关联？对于这些问题的关注不定会造成风景区社区价值的遗失，引起风景区与社区矛盾的激化，进而影响风景区整体价值的保护管理，也影响风景区社区在保护前提下的合理存续与发展。

例如，九寨沟风景区的名称源自其内有九个传统藏寨，但由于风景区规划中对其社区价值认知不足，沟内村寨受到旅游发展的冲击，造成用地与人口空间分布上的集聚和规模的增加。现在，所谓的"九寨沟"仅存四个村寨尚被日常使用，其原有格局和风貌已发生了较大改变，其余村寨皆因远离旅游路线荒废多年，极大影响了风景区整体价值的保护。再如，五台山风景区社区在超过千年的历史发展过程中逐渐形成了稳定的寺、村和谐共生关系，是风景区价值的重要组成部分。但目前核心景区附近社区城镇化、商业化、人工化现象严重影响了五台山佛教圣地的整体氛围。简单、粗糙、一刀切式的拆迁政策不仅损害了传统社区的利益，也损害了五台山世界遗产地的文化景观价值。上述案例在我国风景区中俯拾皆是。

1.2　对象的界定

本书所指的风景区社区具体是指位于风景区边界范围以内的人类聚落。就空间范围来讲，研究聚焦在风景区范围以内的社区，与边界范围外的周边社区相比，前者是风景区重要组成部分，居民的日常生活受到风景区管理政策的直接影响，在社区价值、社区管理方式和社区发展诉求等方面都存在特殊性。就人群范围来讲，研究关注风景区的常住人口，即在风景区居住达到一定时间长度（往往超过半年）的那部分人群，具体包括沿袭祖辈传统居住在风景区和因婚嫁、信仰或工作等原因从外地迁移到风景区的人。也就是说，景区游客和度假者并不属于本书研究的主要对象。比如五台山风景区，主要关注居住在风景区内的当地居民、外来务工人员和寺庙僧人等，不包括去五台山游玩和朝拜的外地游客。

　　本书中的"风景区社区规划"是指"风景区总体规划"中涉及风景区社区的一系列规划政策与措施。当前我国的《条例》中并无有关风景区内居民和居民点问题的规定。而根据《规划规范》，风景区总体规划应包括居民社会调控专项规划，是本书的主要研究对象之一，同时，经济发展引导规划、土地利用协调规划等专项规划也涉及居民社区的内容。而本书最后提出的"风景区社区规划优化"则是基于上述现有规划内容的整合与完善。

第 2 章

相关理论与研究

2.1　概念与理论

2.1.1　相关概念

当前研究中与本书研究对象相关的常见概念主要包括"社区""居民点"和"原住民"等，下面将分别加以说明。

1. 社区

"社区"的英文为"community"，源自拉丁语*communitas*，含有表示"共同的"和"礼物"的词根，意为伙伴关系或组织化社会。1887年德国社会学家滕尼斯发表《社区与社会》（*Gemeinschaft and Gesellschaft*），首次提出了"社区"一词，并区分了"社区"与"社会"两个概念。认为社区是因共同意愿而紧密结合的社会单元，家庭和亲属关系是社区的基本特征，而其他共同特征如场所或信念等也可以形成社区❶。后来美国学者将"gemeinschaft"翻译成英文"community"[1]。中文"社区"一词是吴文藻等燕京大学学者从英文"community"翻译而来的。

从滕尼斯时期至今，社会学和其他相关学科对于社区概念的界定一直没有统一的结论，不同研究者根据其自身认识和研究需求给出不同的社区定义。目前有关社区的定义已经超过140种，希拉利将已发现的94个社区定义归纳总结为三大要素：社会互动、地区和共同约束[2-3]。人们至少可以从地理要素、经济要素、社会要素和社会心理要素四个方面把握"社区"概念❷。

2. 居民点

在《规划规范》和各个风景区规划中针对社区往往采用"居民点"这一概念，其对应的英文为"settlement"，是指人类各种类型的集居地，又可以称作聚落。各种职能不同、规模不一的城市、集镇和村落等都属于居民点。从本质上说，各种类型的居民点都是社会发展的产物，既是人们生活居住的场所，又是从事生产和其他活动的场所❸。由此可知，居民点这个概念较为强调空间地理要素。

3. 原住民

在世界遗产和IUCN保护区的相关文件中往往采用"原住民"（indigenous）的概念，用来表示某地最初的居住者。该词具有浓厚的殖民色彩，在20世纪晚期用于表示与某地殖民化或形成国家之前就存在的群体有历史渊源的族群。与附近的主流文化政治体系相比，这些群体通常具有一定程度的文化和政治差异，同时在发展和管理方面具有脆弱性。联合国、国际劳工组织和世界银行

❶ 资料来源：http://en.wikipedia.org/wiki/Community。

❷ 资料来源：中国大百科全书出版社百科在线（http://ecph.cnki.net/default.aspx）。

❸ 资料来源：中国大百科全书出版社百科在线（http://ecph.cnki.net/default.aspx）。

等国际组织经常提出相关国际法为上述群体营造特殊的政治权利环境。联合国已经发布了《原住民权利声明》以保护其在文化、身份、语言、就业、健康、教育和自然资源方面的权利。然而，该词在国际社会并未得到广泛认可，因此在不同的国家有不同的表述方法❶。

在中国，原住民一词并未得到广泛使用，仅在台湾地区有所提及。当前有极少数研究采用了"原居民"的说法，用于指少数民族。风景区社区居民往往不具备通常意义上的原住民特征，但世界很多国家如加拿大、美国和澳大利亚的原住民保护和发展政策值得学习和借鉴。

通过对上述三个概念的考察可以发现，社区的概念含义最广泛，包括地理要素、经济要素、社会要素和心理要素等四大范畴。而居民点的概念比较偏重地理要素，原住民的概念则缺乏地理要素方面的含义。已有研究中其他的常见用词还包括"村庄""农村社区""新农村""村落""居民社会""小城镇"等，均仅能涵盖社区含义中的一部分内容。

本书将传统风景区规划中的"居民点"概念用"社区"概念代替，是期望改变目前规划中"见物不见人"的认知现状，在继续关注物质空间的同时，进一步强调对社区社会网络、经济、文化要素等非物质空间要素的关注。

目前"社区"概念仅出现在少量研究性文章中，在中国知网（CNKI）的文献数据库中，检索主题词为"风景名胜区（含风景区）"并含"社区"的记录有39条。此外，检索主题词为"风景名胜区（含风景区）"并含"居民点"的记录仅有6条，为"风景名胜区（含风景区）"并含"居民"的记录有43条❷，还有部分研究的对象是风景区周边的城镇和村庄，也对本书有一定借鉴意义❸。

2.1.2　社区研究

随着社区自身不断发展和学者的广泛关注，社区研究也在向前推进，产生了纷繁复杂的多种理论。丁元竹根据研究的历史进程，将其大致分为社会调查、社区研究和社区发展研究[4]。费孝通认为社会调查往往是针对某社会现象或问题展开调查的过程，是社区研究的先导阶段，而真正的社区研究则始于对社区做出一定假设并进行检验的有意识研究活动[5]。

社区研究的理论是指社会学、人类学或其他相关学科的研究者选取一个村落、街区或其他形态社区为研究单位，通过分析个

❶ 资料来源：http://en.wikipedia.org/wiki/Indigenous_peoples。

❷ 检索时间为2014年2月26日，进行检索统计时经过了人为筛选，去掉了资讯类报纸文章，同时不排除文中三项检索结果之间存在条目重叠的现象。

❸ 这部分研究的综述详见本章第2节。

体来把握社会整体的认识方法。该类研究起源于19世纪晚期的欧洲，普遍认为1887年德国社会学家滕尼斯出版的《社区与社会》一书是社区研究的开端，其后在美国得到了很大的发展，并且在美国和西欧发展出了不同的研究流派。我国的社区研究始于新中国成立以前，吴文藻等留学欧美的学者运用西方的社区理论研究中国的社区问题，其后费孝通等人专注于中国乡村社区的实地研究，产生了广泛的学术影响力。社区研究的理论中影响较大的主要包括人文区位学、功能主义研究、社会学中国学派等。

人文区位学理论是美国的芝加哥学派在研究芝加哥的城市化过程时创立的，代表人物是罗伯特·帕克（Robert Park），强调以空间结构为对象进行社区研究，提出了同心圆、扇形和多核心模型[6]。虽然理论本身经历了不同的发展阶段并分化出不同的研究方向，但研究重点都集中在空间组织及社会区位互动上，尤其关注城市空间组织和城市空间扩张过程中的区位变化。

功能主义研究致力于发现一般规律，并用以解释具体问题，以英国功能主义人类学派和美国结构功能主义社会学派为支柱产生了不同的功能主义理论[7]。前者是一种发现和解释社区的方法，认为社会和文化是功能分析的核心，希望借助自然科学的方法开展实地研究来解释社会现象；后者则强调以更为抽象的宏观理论来解释社会，认为应当更加靠近自然哲学，使用抽象概念来对社会学进行分析[8-9]。

社会学中国学派的社区研究主要是指以费孝通为代表的中国学者受上述人文区位学和功能主义影响而进行的社区研究理论探索，认为社区研究是综合的、实地的、认识中国文化现象的活动[10]。

针对社区发展进行研究起步较晚，约在20世纪40年代，主要关注政府或其他组织机构采取怎样的措施介入社区从而实现社区的优化。理论主要包括治理理论、公共服务理论和社会工作理论等。治理理论（governance）是政治学研究社区问题的主要领域，也是社区参与的理论基础，用于解释政府和其他社会组织在社区建设过程中如何与市民有效沟通；公共服务（public finance）理论解释政府应当给社区提供哪些基本公共服务；社会工作理论是关于社区建设中社区服务工作的意义和技巧[11]。

上述研究多是将社区作为一个研究整体，还有很多研究关注社区构成要素的某一个或几个方面，例如社区人口理论、社区文化理论、社区权力理论、社区价值观与文化体系研究等[12]。

2.1.3　社区规划

社区规划在社会学和城市规划学领域关注的内容有一定的差异。

社会学研究领域中的社区规划与社区管理和社区服务并列，是社区发展的三种手段之一，指在一定时期内对社区各项发展建设的总体部署，是对社区发展战略的进一步详细落实，用以指导社区的各项具体建设和管理工作。该领域研究中对空间要素关注较少，更重视如何采用各种管理手段使特定人群共同实现某一目标。

城市规划学研究领域中的社区规划则更重视空间要素，以及空间要素与社会要素之间的关系。

在北美地区，社区规划是住区规划的演化和升级，最早的雏形是20世纪20年代美国邻里单元规划模式在郊区的广泛运用。其后随着"城市蔓延"带来一系列中心区衰落、环境污染等城市问题的逐渐严重，美国在城市区域内的社区规划开始注重紧凑、步行友好和可持续性[13]。除了对新建社区提出可持续社区等概念以及主要的规划设计要素外，针对内城衰败的社区，则提出了邻里保护（neighborhood conservation）的概念[14-15]。

在北美乡村区域，社区规划的内容主要包括土地利用标准、基础设施建设、公共开放空间、资源利用和保护、文化遗产和自然环境保护等。与城市社区相比，农村地区更重视对自然生态资源的保护和社区发展对农业经济发展的推动，强调功能的集约化，以抵御逆城市化发展趋势[16]。

与美国社区规划将关注点局限在住区相比，英国的社区规划并不局限于某一类型或规模的空间，而是针对普遍意义上的传统规划模式进行改良，以实现社区在经济、社会和环境福利方面的目标。比起最终形成的规划文本，社区规划更强调规划过程，重视各公共部门组织、社区以及各商业及志愿机构的协作与居民参与，尤其是社区规划在推进上述协作与参与过程方面的意义。

如果说北美的社区规划与住区规划有密切的联系，那英国的社区规划则与社会规划的概念更接近。对比空间类规划，社区规划更像一个全面提高地区福利的综合行动战略。不同的空间区域均可制定社区规划，根据区域规模的大小，社区规划一般分为市区、城区和邻里等不同层次。在规划内容方面，首先要设立一个远景展望；然后明确讨论的主题，一般包括社区安全、健康和幸福、工作和经济、终身教育、环境等内容；制定指导原则和战略实施的主要工作方式；有的还需制定监督和审查制度[17]。

由于对过程的重视，英国社区规划的政策确立往往需要较长的时间，尽管这对充分沟通和协作有意义，但另一方面也导致在解决现实问题方面的决策滞后性，此外，操作边界与地方市政当局不同、协商过程的复杂性、议题和现有其他规划政策的优先级关系不明等也是英国社区规划面临的一些问题。

中国在计划经济时期并未对社区有过多的关注，在进入21世纪之后，随着国家对公民福利与社会和谐等问题的进一步关注，社区规划方面的实践得以逐步开展[18]。目前在理论研究方面尚不成熟，多限于对居住区等基层社区综合规划的讨论。在实践领域，社区规划工作首先在城市的成熟社区开展，在城市边缘区和农村社区也有涉猎[19-23]。

2.2　已有研究

风景区领域已有的社区研究大致可以分为三种形式：以理论研究为主，辅助案例说明；立足于某地区、某个或某几个风景区社区进行具体问题的探讨；现状调研报告。主要关键词涉及：社区、居民点、居民社会、原居民、居民社区、村落、小城镇、城市化、新农村建设、农宅、景中村等。已有研究的文献类型为硕士论文、期刊文章和会议论文，尚无博士论文。

从研究的主题来看，主要涉及风景区社会问题和社会系统、居民点体系、社区发展模式、社区景观风貌、社区旅游、社区搬迁、社区参与等七个方面，下面将分别进行介绍。

2.2.1　社会问题和社会系统研究

此方面研究超出风景区社区的范畴，研究风景区所涉及的整个社会系统，包括景区管理者、游客、社区、经营者等多个社会主体。风景区社会研究将社区作为社会主体的一个组成部分，从统筹和系统的角度思考问题，为社区研究提供了宏观的视角。

王安庆认为风景区的社会系统包括生产、组织、管理、生活、服务、保障、环境等子系统，各子系统之间界限往往较为模糊，社会系统具有经济生活、社会规划、社会协调、社会保障服务等功能，具有复合性、开放性和服务性等特征[24]。胡洋从社区理论出发，分析了庐山风景区的社会问题，认为集中表现为居民、管理者、经营者、游客和研究者五大主体之间有机关系的割裂[25]。问题的根源在于风景区条块分割的管理体制、管理者兼经营者的双重角色，以及资源保护利用同地方社会结构之间关系的割裂。在此基础上提出了整合规划的解决策略，并根据社会分层理论对景区居民按照景区依赖度进行社会分层研究，将其作为分类调控的依据。

2.2.2　居民点体系研究

居民点体系研究包括物质空间层面的城镇体系布局和居民点调控规划，也包括非物质空间层面的居民社会体系研究，两者在已有的研究文献中虽各有侧重，但又不截然分开。

在总体研究方面，蔡立力和孔绍祥强调风景区进行居民社会系统规划的必要性，认为应包含居民点体系规划、经济发展分析与生产布局、社会组织与运营管理三大方面内容[26-27]。李丹丹总结了我国风景区居民社会系统所存在的空间拓扑形态类型，并建立了风景区居民点环境压力估算模型[28]。赵书彬重点探讨风景区村镇体系的职能组合、规模类型和空间分布结构及其特征，分析风景区村镇体系的形成与发展，以及在风景区发展过程中促进村镇重新整合的驱动力，进而提出了村镇发展潜力的评价体系，并阐述了风景区与村镇体系的关系，总结了风景区村镇体系研究与居民调控规划的积极关系，并列举可用于居民调控规划的具体方法，最后以五大连池风景区为例进行了初步探讨[29]。王淑芳试图探讨风景区与原住民的关系，认为存在共生型、共存型和冲突型三种类型，在此基础上提出风景区与原居民协调发展的三种模式：外迁型、内聚型和控制型[30]。崔志华等探讨了国家《城乡规划法》和"五个统筹"宏观背景给风景区居民点规划带来的新要求，并进一步细分为风景区对居民点规划的要求和居民点自身规划的要求两个方面，最后以苏州澄湖风景区为例提出了居民点调控规划的改良对策[31]。

在案例研究方面，罗婷婷以黄山风景区为例，从法规条约、行政管理、规划建设、环境资源、经济利益和素质能力六个方面全面分析了社区面临的问题，并以此为依据制定了社区规划，随后调整了原有风景区居民调控规划所要求的内容，并在非物质空间层面进行了规划内容的补充[32]。张杨从规划实施监管、规划建设、居民经济社会、民族文化保护与传承四个方面归纳了北疆地区风景区的居民社会问题，结合该地区三个风景区的居民调控规划案例，提出了北疆地区风景区居民调控规划的综合性要求，并增加了规划内容[33]。王世媛对白水寨风景区的村庄问题进行了归纳，将其分为规划建设、产业（经济）、管理机制等几个方面，并按照区位、人口、经济等标准对村庄进行类型划分，针对各个类型分别提出规划建议和非物质形态的规划对策[34]。李银分析了茅山风景区发展过程中与当地社区在用地、就业等方面的矛盾，并就如何实现风景区与社区和谐发展提出了几条对策[35]。除此之外，李军等、潘明霞、杨淑俐等、张阳生等、邓路宇分别对武汉东湖、桃源洞-鳞隐石林、青海湖、龙虎山、荆州市沮水等风景区的居民调控规划进行了具体论述[36-40]。

2.2.3　社区发展模式研究

已有针对风景区社区发展模式的研究除了总体研究外，针对社区居民权益、城镇型和农村型社区也有专门的研究。

在总体研究方面，苗蕾以崂山风景区为例，总结出风景区的五种居民点发展模式，建立了一套居民点可持续发展评价体系，把风景区居民社会问题的根源概括为四个方面：居民自身认识；利益至上的经济发展观；城市化与城市建设的扩张；规划管理不健全[41]。吴娟同样以崂山为例，试图建立景区社区和谐发展机制，并从基础条件、启动、驱动和参与机制四个方面进行论述[42]。朱世朋等在泰山风景区内尝试应用了绿色社区理论[43]。

在居民权益方面，王剑以贵州樟江风景区为例分析风景区农村社区居民的权益构成，并阐述了风景区发展损害社区居民权益的现象[44]。王斯媛针对由于风景区内存在集体土地而产生的农民利益保护问题进行了法律层面的初步研究[45]。姚国荣等以九华山风景区为例，通过问卷调查分析社区居民的利益需求，按照需求重视度由高到低依次为环保、优化景观、经济发展、文化教育和参与管理[46]。

除此之外，根据风景区社区的性质不同可以分为城镇化发展和新农村建设两方面的发展研究。

1.　城镇化发展模式

陈战是以桂林漓江风景区内的小城镇为例，提出风景区内小城镇发展的思路与对策[47]。陶一舟以我国风景区的城市化现象为着眼点，对这一现象的特征、利弊、利益主体、动力机制进行分析，并建立了风景区"城市化"现象的动力机制模型[48]。以区域协调与可持续发展理论为指导，探讨了在风景区规划设计过程中应对"城市化"现象的对策，并制定了七大控制策略。最后，以安徽太平湖风景区为例，实践检验上述研究成果。[48]林振福对鼓浪屿这类城镇型风景区的社区发展历程进行了回顾，指出当前社区发展在政策定位、土地资源、人口构成和设施配套方面存在限制，并提出了一些发展策略[49]。

2. 新农村建设模式

陈战是将当前风景区农村问题归结为居民增收、建设风貌和权益保障三个方面，并提出相应的解决思路和对策[50]。陈耀华等分别探讨了风景区规划和新农村建设两类政策给风景区农村居民点带来的新要求，分析了两种要求之间的关系，以及新农村背景下风景区与居民点之间需求关系的变化，结合某国家级风景区入口村庄的案例，阐述了解决现状问题的出路和对策[51]。欧阳高奇和何小力等分别对北京市风景区和湖南崀山风景区内的几个村庄建设模式进行了研究，希望可以对景区村庄的新农村建设起到借鉴作用[52-53]。孙喆通过分析杭州西湖风景区农村的特点，阐述风景区资源保护和农村居民生产生活发展之间的辩证关系，提出衡量风景区新农村建设是否成功的三条标准和新农村建设的主要发展思路，并结合近几年杭州西湖风景区农村村庄整治实践案例，总结了风景区实施新农村建设的经验与成效[54]。

此外，还有学者集中针对杭州提出的"景中村"概念进行了研究。袁雅芳等指出风景区的旅游发展应当与景中村功能相协调，介绍了景中村的普遍现状、特征与问题，并在管理体制、管理力量、管理手段以及后备支持等方面提出了改良建议[55]。侯雯娜等分析了"景中村"概念的内涵和特点，分析了西湖风景区景中村现状、特征及问题，从人口调控、经营模式、村民素质、人才培养等方面提出景中村的管理与发展对策[56]。最后，将国内其他风景区景中村的情况与西湖风景区进行对比，提出其他景区景中村可以借鉴和关注的管理思路。韩宁等则以杭州西湖风景区中的三个有代表性的"景中村"为例，探讨"景中村"的景观整治模式[57]。

2.2.4 社区景观风貌

还有部分研究集中关注风景区社区的景观与建设风貌问题，一方面通过现状调查发现问题进而尝试加以解决；另一方面则试图建立风景区社区的景观评价体系。

在问题与对策方面，王婧分析风景区村落景观的现状问题、影响因素和景观特色，并进行了具体风景区社区景观的规划改造实践[58]。徐胜等调查了苏州石湖风景区两个社区的现状，指出存在景观风貌差、建设定位不清等问题，提出应在合理功能分区的基础上，采取风貌改造、特色营造、产业调整等措施加以改善[59]。钟乐总结了江西省风景区村落景观风貌的特征，提出构建江西省风景区村落景观风貌保护与发展规划体系的建议，并对具体编制工作提出了多方面的建议[60]。文友华则通过分析湖南莨山风景区的民居改造政策实施过程，研究如何在管理层面控制社区风貌变化[61]。

在评价方面，李金路等通过对北京周边多个风景区内的三十余处村庄的农宅风貌调研，对农宅与风景区的关系、历史演进和乡土特色进行了定性评价。分析了风景区农宅演变的规律和原因，从保障农民利益和满足风景区保护管理要求两个方面提出对策和建议。[62]祝佳杰等尝试建立风景区内村落的评价体系，包括悠久性、完整性、乡土性、协调性和典型性五个指标，并分别确定各个指标的权重。以浙江江郎山风景区居民点为例进行了价值评估，以此为依据，客观评价风景区内居民点调控的规划与设计方案。[63]

2.2.5　社区旅游

在风景区社区已有研究中，风景区旅游发展产生的影响是重点关注领域。

很多学者基于不同风景区居民的问卷调查对社区居民的旅游感知进行分析。分析的视角主要有四个：一是居民积极和消极旅游感知的外部影响因素分析，当前研究普遍关注的外部因素主要包括空间区位、风景区居民参与资源利用和利益分配的方式、风景区管理方式变迁、风景区的旅游发展水平等[64]-[68]；二是居民旅游感知的内部影响因素分析，主要指居民人口学特征产生的感知变化，其中居民受教育水平和所从事职业对旅游感知影响较大[69]；三是分析居民旅游感知的具体内容，多个学者通过案例研究均得到较一致的结论，即风景区社区居民的旅游正面感知远大于负面感知，其中以经济的正面感知最为强烈，对社会文化和环境的负面感知较弱，并受到经济正面感知强度的影响[70-73]；最后，还有部分学者通过旅游感知进行社区与旅游开发冲突分析，将不同态度的居民进行分类，例如憎恨者、中立者、支持者和矛盾的憎恨者等[74]。

　　还有学者针对景区再开发、经营权转让、民居旅馆等具体旅游现象给社区带来的影响进行分析。刘轶等分析了西昌邛海风景区的再开发项目在土地征用、居民搬迁、开发商入驻、居民再就业等方面给当地社区带来的影响，并从观念、立法和管理等方面提出改善建议[75]。王凯等通过对凤凰城旅游景区进行问卷调查，认为风景区经营权转让后，给当地社区带来就业机会和经济收入增加、生活环境改善等正面影响，以及传统文化与淳朴民风遗失等负面影响[76]。而黄华芝等则通过考察贵州一个景区经营权转让失败的案例，说明了其对当地社区带来的不良影响[77]。赵越等针对重庆几个风景区民居旅馆进行调查，认为居民经营者与景区管理部门和行业协会之间存在矛盾与冲突[78]。王健利用博弈理论分析风景区周边社区开展培训和居民从事旅游两者的博弈关系，结果显示，在强调社区开展培训活动必要性的同时，提出合理的人才保留机制同样重要[79]。

　　还有部分研究强调将旅游发展作为解决当前社区诸多问题的出路。李然从经济、社会、文化、环境等方面对景区内社区问题进行了系统性归纳，初步建立风景区社区问题的分析框架。对社区问题的特点和成因做出分析，提出相应的对策。认为可持续发展旅游是解决风景区内社区问题的有效途径之一，并简要介绍了生态旅游、社区旅游和文化旅游这几种可持续发展旅游类型。最后通过分析三江并流风景区梅里雪山景区总体规划中的社区规划，对景区规划中的社区规划实践进行了初步探讨。[80]王萌通过梳理已有社区旅游相关研究，分析了风景区周边社区旅游的问题及根源，并以黄山谭家桥镇为例，对风景区周边社区旅游规划进行了探索[81]。胡晶晶等则借鉴经济学中的委托代理理论，尝试在三峡某景区构建景区公司与社区居民之间的委托代理关系，提出该类旅游社区发展的一些原则[82]。

2.2.6　社区搬迁

　　随着风景区社区搬迁政策的普遍实施，对这一政策的研究也随之出现。王凤武等分析了风景区在居民外迁方面的几类主要政策及效果，指出当前存在"重搬迁轻安置"和"一刀切"的倾向[83]。李松平论述了山岳型风景区居民点建设的状况与问题，以衡山为例介绍其居民外迁政策的原则、补偿和整治内容，最后针对风景资源优美的农村社区的建设提出一些建议[84]。聂建波针对武陵源景区的社区拆迁政策实施效果和居民态度进行调查，认为存在拆迁反弹、居民人口仍在增加和隐蔽性安置效果不佳的问题[85]。王凯等则进一步对武陵源搬迁居民进行了经济、社会文化、环境、心理影响、政策影响等方面的感知调查，结果显示，居民对经济的负面感知较为强烈，对社会文化和环境方面的正面感知较强[86]。在搬迁安置地建设模式方面，聂璐和彭瑛分别针对庐山和黄果树风景区某搬迁安置点的规划设计与社区建设进行了探讨[87-88]。

2.2.7　社区参与

戴光全等在理论层面探讨了"社区参与式旅游"的相关问题，认为我国在社区参与方面存在政府力量过强、制度改革成本高昂和话语权过度集中等局限[89]。此外，将社区参与理论引入风景区管理的已有研究集中在现状分析和社区参与技术运用两方面。现状分析方面，林爱平认为福建土楼风景区的社区参与表现出下列特征：社区参与积极性高而参与程度低、参与旅游提高收入的积极性高而参与管理保护的积极性低[90]。李春玲通过叙述三个具体风景区不同尺度实践过程中的公众参与模式，阐述风景区实践中应贯彻"维系当地居民生活"的责任[91]。任啸对九寨沟的参与性社区管理模式进行了较为详细的介绍，认为设置专管机构、利用社区自由组织进行居民管理、创造多种居民就业渠道、组建股份经营公司、建立公平的利益分配制度等经验具有创新性和突破性[92]。刘剑锋基于对五台山风景区社区参与旅游现象的分析，认为地理区位、风景区管理政策和外部资本的强势介入改变了社区居民参与旅游的方式和地位，社区参与的主体性正不断削弱，同时社区贫富差距加大[93]。

在社区参与技术运用方面，已有研究多是利用国外的研究成果，依托国际组织在我国开展的援助项目，尝试将社区纳入风景区的资源保护实践中。刘翠以武夷山风景区为例，引入乡村快速参与式评估方法（PRA）进行非使用价值评估，对风景区周边社区的经济本底状况、社区居民对风景区管理局的态度、社区居民参与生态旅游的现状以及风景区对周边社区的影响进行了调查，最后分析了遗产资源保护中世界遗产地与周边社区的关系[94]。李红英等则在丽江老君山风景区进行了社区参与药用植物资源保护的实践[95]。

2.2.8　其他保护地社区研究及实践

除了风景区，我国的自然保护区和我国台湾地区的国家公园、世界遗产地体系、世界保护区体系以及英国、加拿大、澳大利亚等国家的保护地也存在社区问题，相关研究同样具有较大的借鉴意义。

1. 我国自然保护区

相对于风景区，自然保护区领域的已有社区研究理论性较强，其中不乏博士论文，主要关注社区共管和社区参与等内容。

自然保护区社区共管研究工作的开展得益于国际援助项目的推动以及为缓解矛盾和争取资金的利益驱动。刘霞深入分析了我国自然保护区已有的社区共管模式，将实践分为五种模式，每种选取一个典型案例进行分析，并发现所有模式均存在共同的问题，包括社区及居民并未获得真正的平等、缺乏共管资源、参与性和分权不足、民间组织和社区能力建设没有得到足够的重视等。社区共管存在着市场失灵、政府失灵和社区失灵的现象。社区共管有三个制约因素，分别为社区参与、产权和组织结构。在上述分析的基础上，提出了自然保护区社区共管的新模式。[96]

在社区参与方面的研究主要包括社区参与补偿和参与生态旅游两大部分。蒋姮从法学角度分析了目前自然保护地生态补偿机制的缺陷，并进行了参与式生态补偿机制的设计，尝试将国际上社区资源管理（CBRM）项目的参与式方法融入生态补偿过程中[97]。社区参与生态旅游主要是为保证自然保护区社区的可持续发展提供途径。倪婷以武夷山自然保护区为例分析其社区参与旅游过程中存在的问题，并对未来的发展模式提出了设想[98]。郭进辉同样以武夷山自然保护区为例，分析其森林生态旅游经营模式存在的问题和主要的利益相关者，提出基于社区的经营与利益分配模式。通过居民问卷的方式研究当地开展生态旅游带来的影响。另外，建构了基于社区的森林生态旅游动态评价体系，并在武夷山进行了实证研究。[99]

除了专门针对自然保护区的研究，张玉波以平武县木皮藏族乡为研究对象探讨了生态保护工程实施前后，当地居民在人口、能源消费、收入和生态足迹方面的变化，也强调了国际援助项目保护与发展综合项目（ICDP）给当地居民带来的影响[100]。佟敏在分析我国生态旅游发展现状的基础上，从社区参与的角度提出生态旅游的发展模式，并从决策机制、利益分配机制、生态保护机制、保障机制和社区参与评估体系五方面构建基于社区参与的生态旅游模式，形成完整的生态旅游社区参与体系。提出以政府宏观主导和社区微观参与为主体的生态旅游发展对策。最后选取伊春市五营国家级森林公园进行社区参与生态旅游活动的实证分析。[101]在社区旅游感知方面，戴美琪运用统计方法对黄兴镇休闲农业旅游区进行分析，研究休闲农业旅游对社区居民的影响，采用定量的技术手段测量社区居民对休闲农业旅游的旅游影响感知，归纳出三大旅游影响。比较了样本整体与个体、不同旅游发展水平下的社区居民旅游影响感知差异，探讨了社区居民休闲农业旅游影响感知、旅游发展态度、旅游满意度之间的关系。[102]

2. 我国台湾地区的国家公园

我国台湾地区的原住民保护很大程度上借鉴了北美的方法，在自然保护区、国家公园和森林公园等类型保护地管理中均有涉猎。具体到资源共管，保护区所制定的法律法规主要以原住民为主，较少论及一般社区。2005年台湾地区开始实施《原住民基本法》，规定当政府在原住民地区设立国家公园等保护地时应征得原住民同意，并建立共管机制，具体办法由相关职能机构和原住民主管机构共同商定。2007年12月18日开始施行《原住民族地区资源共同管理办法》。

纪骏杰针对国际实施共管制度最久的两个国家公园——加拿大库瓦倪（Kluane）国家公园与澳大利亚乌鲁鲁-喀塔凸塔（Uluru-Kata Tjuta）国家公园进行了介绍与分析，主要包括公园共管制度设立的背景、制度设计方法和理念，以及实际执行的方式与成效。最后提出台湾地区在进行类似规划时，必须考虑地区社会经济和政治特殊性，并提出了实施过程中必须注意的事项[103]。

卢道杰等则以我国台湾地区马告国家公园和宜兰县无尾港野生动物保护区的成功经验为例，研究在自然保护地内发展共管机制的机遇与挑战。研究承认法律法规的支持、社区内部凝聚力和共识性是共管机制成功的重要因素，同时强调相关主管部门支持、乐于培养和赋予当地社区一定的管理权力在共管机制形成过程中具有关键作用。其中，政府与当地社区互相信任是共管机制的基础，社区参与机制则有助于促进互相信任关系的建立。此外，尽量创造较大的多方对话空间也可以促进社区共管的形成。研究认为目前台湾地区已经具备充分的法律基础以制定和运作共管机制，但机制能否在实践中落实并取得成效，还取决于当地政府是否有意愿在一定程度上放权。[104]

3. 世界保护地体系

世界保护地体系对当地社区的探讨主要集中在保护地治理上。Phillips在2003年第五届世界公园大会（World Park

Congress）上发表了著作《创新的治理：原住民、当地社区和保护地》（*Innovative Governance: Indigenous Peoples, Local Communities and Protected Areas*），指出21世纪以来保护地已经不再采用排除式的价值取向，转而承认社区对保护地的权益[105]。保护地管理不仅依靠政府，还应满足当地社区的需求，考虑"与居民""为居民"，甚至在有的时候"让居民"进行管理，应将居民管理作为重要一环，纳入国家、区域与国际管理网络。在管理过程中要有政治层面的考虑和多元的融资渠道，并重视当地社区的知识。

第五届世界公园大会特别重视当地社区（尤其是原住民）在保护规划和自然资源经营管理中的作用，认为除了政府治理，保护地应积极考虑其他的社区、私人与共管治理方式，尤其关注共管治理。随后，IUCN保护地委员会在2004年出版了保护地最佳操作指南系列第11号文件《原住民、当地社区和保护区——公平与加强保护：共管保护区与社区保护区的政策与操作指南》，全面推广共管保护地与社区保护地[106]。

4. 世界遗产地

世界遗产保护观念在过去四十余年经历了社区参与从无到有的过程，1992年文化景观类型在世界遗产体系的出现是转折点，而2003年世界保护地体系的社区问题观念转变起到进一步促进作用。现在，世界遗产管理体系战略目标已经由原来的4"Cs"增加到5"Cs"，第五个"C"即为社区❶[107]。世界遗产中心认识到，世界遗产价值不应与当地社区的地方价值相矛盾，应兼顾世界遗产公约和当地居民可持续的社会经济发展两方面的要求。

❶ 原有的4"Cs"分别是信任（Credibility）、保护（Conservation）、能力建设（Capacity-building）和交流（Communication）。

遗产地的地方价值往往体现在当地居民传统的聚居或资源利用方式上，这些传统方式保障了世界遗产价值能够在被识别之前的漫长历史发展历程中被完好保存。在制定遗产地管理和发展策略时应充分理解、尊重、鼓励和妥善运用当地传统的资源管理方式。同时，应当使各利益相关者都能认识到遗产突出普遍价值和地方价值之间的关系，并积极参与遗产保护管理的规划和实施工作，从而实现多种价值的整合保护。

无数实践证明，与地方价值相冲突的世界遗产保护管理工作往往会因激起社会矛盾而面临阻力。因此除满足保护需求外，世界遗产管理还应当对其辐射范围内居住社区的社会经济发展作出贡献。拥有世界遗产地的国家应将遗产地的保护工作与其他区域发展规划相结合，统筹解决遗产地内保护与发展的矛盾，创造激励政策、工作机会和小规模产业，以解决社区贫穷、分配不均和市场失灵等问题。

世界遗产委员会2003年举办的专家会议为在遗产地管理中确保当地社区的经济社会利益提供了更广泛的思路、途径和方法。会议倡导当地社区积极参与遗产地管理的各个方面，尤其在基础操作层面，寻求当地社区可持续的经济和社会发展机遇，鼓励采用前瞻性的方法。此次会议的主要结论包括如何正确认识和处理地方价值与世界遗产突出普遍价值的关系，如何在遗产地管理的过程中充分纳入社区参与，如何妥善解决遗产地内社区的社会经济发展问题。通过大量的案例研究为遗产地社区的规划管理提出有指导意义的建议。

解决遗产地社区发展问题的可选途径包括划定分区，在保护地以外划定扩展区（extension area），区域内实施相应的发展计划以满足当地社区的需求：提供基本社会经济资源，如食物、安全、供水、健康教育服务、生活能源、管理土地和其他自然资源的能力、参加经济活动和放牧的机会等；帮助当地社区合理利用区域内的自然资源；支持低环境影响的活动；明确当地社区必须保护的资源[108]；通过共享遗产地门票或税收的方式对社区进行一定的利益补偿；采用新的放牧或农耕技术，使其环境影响最小化；提高社区的能力建设水平；开展依托遗产资源的社区发展活动；重视社区本土技术和知识在保护自然遗产完整性方面的作用等。

世界遗产中心在澳大利亚政府和欧盟资助下为期三年（2006～2008年）的培训项目——共享我们的遗产（Sharing Our Heritages，SOH）对世界遗产地的社区发展问题有更全面的理解。项目主要探讨当地社区在世界遗产地可持续管理中可以做出的积极变化。认为遗产不仅意味着简单的保护，而是文化构建过程，有助于形成社区认同感，在社区发展中起重要作用。认为具有可持续未来的遗产，并非简单地继承过去，而必须在当前能够不断积极地构建和维持。基于SOH项目所做的研究，世界遗产中心出版了名为《通过世界遗产实现社区发展》（*Community Development through World Heritage*）的论文集[109]。文集首先总体介绍国际层面保护地的划定给当地社区带来的影响，并考察了世界遗产政策的全球背景，如全球化、人权话语、实施操作指南和新战略目标等。随后重点论述了社区旅游业发展带来的挑战。这里并未在普遍意义上讨论旅游业作为遗产地发展的重要资源的作用，而将其置于某种特定状况与场所下进行讨论，如在某管理观念的影响下，运用网络技术展示的背景下，或在某一具体国家等，重点关注旅游业给遗产发展带来的问题。第三，从不同的遗产价值观念角度讨论可用于社区的遗产价值。主要讨论遗产价值的复杂性、遗产地居民对场地管理和解说的影响、如何利用世界遗产提名过程及影响。最后提供好的社区实践范例。识别和分析哪些社区发展目标能够在社会和经济发展方面支持世界遗产。这些分析的价值往往仅适用于个案，需将世界遗产委员会识别出的主要问题置于特定的分析背景下，所选案例均来自那些社会经济发展对国家存亡至关重要的国家，如乌干达、埃塞俄比亚和柬埔寨等。

在2012年《保护世界自然和文化遗产公约》（下文简称《公约》）颁布40周年之际，世界遗产中心发布了《世界遗产：超越边界的利益》（*World Heritage: Benefits beyond Borders*）一书，通过论述具有不同主题、类型和地理区位的26个案例，为可持续发展背景下更加整体和综合地认知世界遗产提供视角。该书提出将保护世界遗产看作促进可持续发展和增加社会凝聚力的载体而不是阻碍的观点。26个案例被分别归纳到如下五个专题：搭建自然与文化桥梁、城市化与可持续的遗产发展、综合性规划与原住民参与、活态遗产与保护突出普遍价值、不只是纪念物[110]。此外，Turner还综述了过去40年与世界遗产公约相关的日常工作如何体现"可持续性"[111]。

我国国家文物局在2012年也出版了纪念《公约》颁布40周年的研究文集，收录了我国世界文化和混合遗产在可持续发展方面的主要调查和研究成果，主要包括我国世界文化遗产与其所在地的经济发展之间的关系研究、世界文化遗产可持续发展的评价体系构建和世界文化遗产与社区发展现状问题研究等内容[112]。由于很多世界文化遗产同时也是国家重点风景区，因此一些调查数据对本书有参考意义。其中，杭州市园林文物局以我国几个重要世界文化遗产地为案例，通过大量的问卷调查分析了社区在社会、文化、经济、管理等方面的现状和问题，并提出一些在促进社区可持续发展方面可以借鉴的实践经验和未来发展建议[113]。

总之，世界遗产地的社区研究具有很大的参考意义，尤其在价值认知与社区参与方面，有助于正确处理世界遗产与地方社区之间的关系。但由于中国风景区社区的特殊性，应结合实际情况进行有选择的借鉴。

5. 英国保护地

作为历史悠久的资本主义国家，英国保护地在保护乡村、农田、牧场等人文景观方面积累了很多经验，其面积较大的保护地往往以保护乡村景观为主要目的。由于在国家公园（NP）和杰出自然美景地（AONBS）等保护区内存在大量当地社区❶，因此促进当地社区可持续的经济和社会发展往往被确立为保护地的管理目标。

英国保护地管理规划多为宏观政策层面的战略规划，涉及物质空间的内容较少。以国家公园规划为例，主要内容包括：描述国家公园管理规划的作用，确立国家公园设立的目标及其社会经济职责；总结国家公园的关键特征和质量；发现国家公园当前面临的主要问题和发展趋势；制定政策和行动计划以实现公园目标和责任等。国家公园目标的设立重视可持续发展议题，强调社会经济方面的目标。在统筹世界、国家、区域和地方层面政策时，强调应避免将国家公园内社区的经济社会发展任务推诿给更广泛的议题，如国民健康或教育条款，因为后者往往得不到具体的国家公园拨款。国家公园管理规划的过程包括公园状况陈述、利益相关者和社区参与、确立愿景和管理目标、不同管理方案比选、制定规划政策、确定规划行动、规划草案咨询、规划监测、规划审查九大步骤。社区参与是重要环节，贯穿规划全过程[114]。

为实现保护地内社区的可持续经济和社会发展，保护地通过制定一系列的战略和政策推动社区发展可持续农业和旅游业，同时对社区的住房和交通问题提出有针对性的解决政策[115]。

6. 加拿大保护区

加拿大政府针对居住在国家公园或保留区旁的原住民制定了共同管理机制。如加拿大联邦政府、当地政府和库瓦尼（Kluane）国家公园周边的原住民经过多年协商，在1993年制定并颁布了土地与自治合约，明文规定位于原住民传统领域之内的国家公园管理计划或政策必须遵守的主要原则：国家公园应认可原住民在历史、文化及其他相关方面的权利；认可与保护原住民在公园内的传统与当代资源利用；永久性保护公园北部区域中具有国家独特性和重要性的自然环境；鼓励大众了解、欣赏、享受公园环境，并促进其积极保护公园风貌，以留传给后代；在公园保护与管理过程中给原住民提供经济机会；认可口述历史在研究公园内与原住民相关的重要史迹地和可移动遗产资源时的作用；认可原住民在解说公园内与原住民文化相关的地名与遗产资源时的权益。

在这个文件中，自然保护和原住民的文化与生存权，都是公园管理的最高目标。由于自治政府必须对所有原住族人负责，在签署自治合约后，许多保护措施反而比自治之前还严格。即使承认原住民拥有生计所需的资源利用权，但代表原住民的谈判者仍同意建立更大范围的禁止农猎区。这表明原住民在很大程度上认同了加拿大公园部的保护目标，并大力支持相关政策。

库瓦尼国家公园管理委员会由四位成员组成，其中两位由原住民推荐，另两位则由加拿大联邦政府提议，最终四位成员由国家环境部正式任命。主要负责野生动植物的管理、国家公园相关研究、原住民的传统遗产、与居民协调沟通等工作，最主要的职责是对国家公园的范围、经营方式以及原住民的资源使用权等议题提出建议。

建立共管制度的好处不仅在于原住民传统生活方式得以延续，公园为促进经济发展建设的基础设施以及优先雇佣当地原住民政策等，还给原住民带来了直接的利益[103]。

除了原住民，国家公园对周边社区发展也产生了影响。主要的旅游社区都集中建设在公园周边的小城镇，从而带动了当地社区的经济发展。例如，每年游客在皮利角国家公园当地消费达320万加元[116]。但也存在一些问题，主要表现为社区经济活动存在严重的季节性，很大一部分旅游受益者为外地经营商而非当地居民，当地居民就业转移时存在资金技术不足的困扰等。

7. 澳大利亚国家公园

澳大利亚的乌鲁鲁-喀塔图塔（Uluru-Kata Tjuta）国家公园在建立之初也同样采取"排除式"的方式，致使当地的原住民面对越来越大的压力。一方面，他们的生活水平与居住状况远低于澳洲人的平均水准，但其狩猎与采集木材活动却被严格限制；另一方面，其日常生活受到旅游业发展的不良干扰，包括游客任意入侵他们的生活领域，未征得同意对他们拍照等等[117]。

经过原住民的不断抗争，澳大利亚政府终于承认了原住民的土地权，并于1985年10月26日正式将土地权还给原住民。原住民与政府签订了99年的租约以延续国家公园的管理，但新的管理权限必须由原住民与国家代表共同确立。

澳大利亚的国家公园共管模式将长期规划与日常管理的合作关系通过双方协议制度化，以法律条文明确原住民土地所有人和公园保护组织双方的权利和义务。希望在保护公园生物多样性的同时，也保护原住民的传统价值，同时利用原住民的传统知识和经验促进公园管理。

共管模式的建立还很大程度上令原住民受益，例如当地原住民可以获得国家公园25%的门票收入，以及30000元以上商业活动

25%的收入。国家公园的原住民Liddle女士称,这里的原住民大概是世界上最富有的原住民。此外,根据租约,国家公园必须提供社区必要的资源、基础设施以及各种社区发展所需援助,包括电力、健康、土地与环境维护、道路、休闲、垃圾场等设施,同时也严禁游客未经许可进入原住民社区。第三,国家公园往往会协助建设一些社区建筑。随着因观光、经营管理等收益机会的增加,在原住民重获土地所有权的国家公园,越来越多的原住民选择返回家园定居,因此预计在国家公园内居住的原住民数量将不断增长[103]。

8. 尼泊尔国家公园

尼泊尔在保护区社区方面的研究实践成果主要体现在建立了较完善的保护地缓冲区体系,而缓冲区设立的一个主要目标就是解决保护地与当地社区之间的矛盾。

最初,尼泊尔保护地采取的是保护地与当地社区"一分为二"的管理模式,使保护地的建立与当地社区发展产生了矛盾。由于中止了传统的资源利用活动,居民迫于生计开始从事违禁活动,如违法放牧、走私木材、捕杀野生动物等,导致这种管理模式受到质疑。

1993年,尼泊尔政府开始实施缓冲区计划,并立法明确了缓冲区的法律地位:"缓冲区是指国家公园或其他保护地的外围区域,允许当地居民进行合理开发。"由此可见,缓冲区强调的是经济社会功能,并非传统意义上的生态保护功能。由于是基于社区而设立的缓冲区,尼泊尔在法律法规、范围划定、管理机构、管理人员、管理规划、管理政策等各个方面都渗透了社区参与管理、经营和社区补偿的理念,有很大的借鉴意义[118]。

第 3 章

风景区社区历史与现状

本章主要回溯风景区社区发展历史并考察社区现状。对历史演变过程的追问有利于认知如下的问题：建立风景区之前，当地社区在形成与保护风景资源价值的过程中扮演了怎样的角色？这一角色在社区发展过程中是否发生了变化？变化的原因是什么？回答上述问题对理解风景区社区的价值有很大意义。另外，由于我国疆域辽阔，文化与自然类型丰富，风景区的广泛分布意味着其内社区在社会经济文化等方面的差异巨大，现状考察在分析风景区社区多种类型的同时，从经济、社会、管理、权属和形态等不同的方面进行进一步分析。最后，通过对20余个风景区现行规划文件的分析，总结出当前风景区规划实践领域普遍认知的社区问题和采用的社区政策。

3.1　社区历史演变

3.1.1　概述

不同风景区社区在文化地理背景和发展历程方面差异较大，从而增加了整体把握风景区社区历史演变的难度。在这一节仅对具有共性化的历史进程加以概述，以期先形成一个总体性的脉络。

大多风景区社区拥有悠久的聚居史，并在长期与自然的相互作用中保护甚至创造了珍贵的风景资源。在中国几千年农耕文化的熏陶下，社区大都形成了自给自足的小农经济结构和以宗族血缘为纽带的社会结构，社区的空间分布受耕地等生产资料影响，较为分散，个体建筑规模小、居住密度低，并形成了与自然和谐共处的朴素生态观和自然资源管理知识。这一时期由于内向性的社会结构和地理条件的限制，社区之间的物质和精神交流极为有限，不同地域和文化背景的社区差异较大，从而产生了形态各异、类型多样的传统基层社区，尤其是少数民族和宗教社区。

鸦片战争时期西方帝国主义列强入侵，很多传统社区遭到破坏，社区居民生活在水深火热之中。由于帝国主义对中国的产品倾销，使本来就发展缓慢的中国工业和手工业萌芽受到打击。抗日战争胜利之后，中国共产党在农村实行的一系列土地改革使封建土地所有制瓦解，社区居民拥有和经营土地，社区的面貌和居民生活水平得以改善。农业生产力和农村居民劳动自由度的提高增加了农村剩余劳动力数量，从而为城市化发展提供了条件，城市居民人口数量上升。

　　改革开放后开始在农村采取土地适度规模化经营的政策，进一步提高了生产力和灵活性，以乡镇企业为代表的工商业经营方式得以发展，同时随着人民生活水平的提高，旅游业兴起，位于风景资源优越地段的社区居民开始从事旅游经营活动。产业发展促进了农村的城镇化，农村社区居民人口规模和建设规模不断增长。市场经济发展浪潮促进了不同地域社区之间的交流，居民采用现代化技术手段提高自身生活质量的同时，也改变了社区的风貌和传统生活方式。国家推动新农村建设和乡村旅游、实现快速城市化等政策的出台加速了社区在经济结构、空间形态和人口规模等各方面的变化。

　　同时，风景区的设立增加了社区所在区域的旅游吸引力，带来了大量的游客和巨大的经济利益，无论是农村还是城镇型社区都从原有产业积极转向旅游业，社区外来居民数量增多，为满足入迁居民和游客需求，社区建设规模和建筑密度不断增加，传统社区风貌被进一步改变。

　　为了更加深入全面地理解当前风景区社区的变化和现状，需对历史演变过程中的主要驱动力进行分析，这些驱动力主要来自文化意识、政策制度和产业经济三个方面，对风景区社区的影响主要体现在经济结构、社会结构、治理模式、空间形态和资源保护状况等方面。

3.1.2　文化意识驱动力：小农思想和宗族意识

　　几千年的传统农耕文化给社区带来了根深蒂固的影响，不仅体现在这一历史时期社区的经济社会结构和物质空间形态上，更重要的是使小农思想和宗族意识深深地植根于每一个社区居民的思想中，并随着祖祖辈辈、世世代代的传承，成为影响中国广大社区居民思想行为方式的深层次驱动力。

　　传统文化意识直接影响下的社区以地权高度集中而经营极为分散的小农经济为主，形成农业和家庭手工业相结合即男耕女织的自然经济结构。这种经济结构极为稳固，即使在外国资本主义通过棉纺织业产品倾销等手段对中国自然经济进行破坏的时期，也没有引起结构的解体，日益贫困的农民依然进行着自给自足的生产活动，顽强抵抗外来商品经济的冲击。

　　社区的社会关系以宗法血缘关系为纽带，家庭是最基本的社会单位，家庭关系是其他社会关系的基础，如姻亲关系、辈分关系等。个人的社会地位基本由家庭关系决定，如出身、辈分和血统等。另外，血缘关系往往伴随着地缘关系的补充，即一个宗族世世代代居住在同一片土地，其居住空间成为联系不同时期同一血缘关系的纽带，因此社区多与其土地之间有稳固的依赖关系。

传统乡村社区的管制包括国家专制和农村自治两个方面。尽管很多学者认为"国权不下县"，即中国的官僚制度往往终止于县城级别，但专制集权的国家往往通过政治、宗教、文化等方式不断将"君权神授"的思想渗透进基层社区，从而影响居民的思想行为方式。一方面专制国家的实际统治权并未深入到农村，以家庭宗族关系为基础的中国乡村具有一定的自主性，具体乡村事务的打理往往需要来自民间的乡村精英（士绅、宗族长老）与农民相互协调进行；另一方面这种打理依然需要在"礼制"的框架范畴之内，即国家集权的思想控制作用[1]。

由于社区受耕地等自然资源分布的影响，社会结构又有强烈的地缘性，因此社区空间分布较稳定和分散，用地和人口规模较小。社区具有封闭性，社区之间、社区与外部的联系很微弱，这一特点造成了中国不同地区的社区在文化、习俗、风貌等方面的广泛差异。尤其是位于偏远边疆地区的少数民族社区，以及受佛教和道教等宗教影响较大的社区，产生了重要的历史文化价值。

在长期与自然环境相互作用的生产生活实践中，当地社区逐渐形成了"天人合一"的朴素自然观和珍贵的自然资源管理经验，从而实现了风景名胜资源的完好保存与传承。在这一时期，当地社区是资源保护与管理的主体，尽管这是在传统文化潜移默化影响下无意识的行为，但却奠定了风景区设立的精神和物质基础，即对名山大川的神圣崇拜和良好的自然环境。

小农思想和宗族意识对社区的影响并没有因中国由农耕文明迈入工业文明甚至生态文明而停止，而是深深地植根于中国社区尤其是农村社区居民的思想意识中，如"落叶归根""继承祖业"等信念，继而影响居民的决策与行动方式。因此，即使新时期的各种制度改革和经济发展使传统社区发生了很大的变化，小农思想和宗族意识作为深层次的文化驱动力对社区仍然具有潜移默化的作用，主要是以影响社区居民思想与决策的方式发挥作用。

3.1.3　政策制度驱动力：国家制度变迁与风景区设立

政策制度驱动力主要包括两个：一是近代以来党和国家为解

放和发展生产力而进行的各项政策制度创新与改革；另一个是风景区及其相关政策制度的设立。与文化意识相比，政策制度驱动力的作用更强势快速，通过直接改变居民的土地所有和经营方式，影响其生产生活方式，从而引起社区各方面的变化。

20世纪20年代中国共产党开始进行土地改革，将地主的土地分给农民，实现了土地占有权和经营权的统一。尽管这一政策极大调动了农民从事生产的积极性，提升了农民的社会地位，但仍未改变社区的小农经济格局。在社会结构方面，组建农会和乡村人民政权在一定程度上冲击了原有的宗族血缘体系，农民开始被组织在以社会地位而非血缘地位为基础的社会关系中。

其后的农业合作化和人民公社运动实现了小农经济向集体经济的转化。其中人民公社对社会结构的影响较大，将分散的传统村落合并为单一化权力高度集中的社区单位，社团成员之间的社会流动受到抑制，广大的农村被分割成了众多以公社为单位的封闭圈。同时，对社区的空间形态也产生了影响，尤其是后期大规模建设人民公社，抹杀了很多传统村落的景观风貌。由于公社大队和生产队对农民日常生产生活活动进行统一组织，限制了农民的自由时间，农民在农业劳动之外的闲暇时间有很多机会以集体为单位进行植树造林等公益性活动，对环境保护起到一定作用。

1978年十一届三中全会之后开始纠正人民公社时期的一些政策性错误，在农村实施一系列经济体制改革，如家庭联产承包责任制、土地适度规模经营、土地流转、农业产业化经营等，促进了农村的经济社会发展。改革开放政策极大调动了农民的生产积极性，各地基层社区纷纷进行自己的改革模式创新，产生了很多基层社区新类型，如联户农场和集体农场等[2]。

另外，1983年开始撤社建乡，把政治和经济结合的人民公社管理模式转变为政治和经济分开的"乡政村治"格局。乡镇政府是国家的基层政权组织，村民委员会（简称"村委会"）是基层的群众自治组织，乡镇政府与村委会之间是指导、支持与帮助的关系❶。村级组织可以支配村落范围内的山林、土地、水源等自然资源以及集体化时期积累下来的集体经济[3]。在社会结构方面，除了血缘为纽带的家庭关系，农村社区分化出了许多新组织形式，例如各种专业技术协会、社会公共事务社团和文化社团、重新设立的宗族组织和宗教组织等。

在农村城镇化方面，1984年国家降低设镇标准，并放宽户籍

❶ 资料来源：中华人民共和国第十一届全国人民代表大会常务委员会. 中华人民共和国村民委员会组织法[R]. 2010。

管理制度，使乡改镇的步伐加快。2000年之后国家进一步松动了城乡人口流动管制，规定进镇落户的农民都可以保留原来承包的土地经营权，并且允许其土地依法有偿转让[4]。很多风景区社区，尤其是经济发展状况较好的社区，均在这一浪潮中走上了城镇化道路。社区的经济不再以农业为主，转而发展二、三产业，城镇建设用地和城镇人口规模不断提升，居民的收入水平、居住密度和建筑风貌也发生了变化。除了转为城镇的社区，2005年党的十六届五中全会在《第十一个五年规划的建议》中提出新农村建设的政策，使乡村社区在生产生活和村容村貌方面也发生了变化。

上述制度变迁和政策实施通过改变社区的土地产权、经营方式和行政管理模式，进而改变社区居民生产生活状态和社区风貌，尽管有的政策如人民公社运动对社区产生了负面影响，但总体来说这些制度给社区带来了二、三产业比重增加，社会关系多样化，人口用地规模扩张，居民生活水平提高等变化。

20世纪80年代风景区制度设立及一系列相关的保护管理政策是风景区社区变化的另一个政策制度驱动力。尽管在风景区设立之前很多地区已有一定的旅游知名度，当地社区借此开始从事简单的旅游接待活动，但大多仅作为其主要产业活动的补充，规模较小。风景区设立之后正式开放旅游，游客数量增加，极大促进了当地社区旅游业的发展，社区人口与用地规模不断扩大。同时，在风景区普遍施行的"退耕还林还草"等政策也为社区产业转型提供了推力。

《规划规范》中的风景区社区相关内容对社区的功能布局、用地人口规模和产业发展进行了引导和控制，并对社区进行分类调控❶。政策的主要引导方向是风景区内社区数量的减少与规模的缩小，社区产业向旅游服务业方向转型。这些政策对于风景区社区产生了很大的影响，尤其是在产业转型方面。但也有一些政策并未得到有效的贯彻，如控制风景区社区的建设规模与人口数量、社区风貌与经营秩序等❷，对其原因的探讨需要结合其他驱动力所带来的影响。

3.1.4　产业经济驱动力：城镇化与旅游发展

产业经济驱动力与政策制度驱动力很难完全分离，很多国家政策往往通过改变社区的经济环境和产业模式从而对社区产生影响，这种现象在计划经济时期表现尤其明显。而在市场经济时

❶ 对当前风景区制度中社区政策的论述详见本章第3节的内容。

❷ 对当前风景区制度中社区政策的影响分析详见本书第7章。

期，社区在市场供求关系的作用下进行自发选择，产业经济驱动力的作用明显增强，当政策制度驱动力与产业经济驱动力方向产生分歧的时候，后者由于反应更加灵敏往往发挥更大的作用，从而使前者达不到预期的实施效果。对风景区社区来说，最主要的产业经济驱动力来自城市化与旅游业发展。

城镇化与工业化是人类进步的必经之路。中国在农耕文明晚期已经出现了资本主义萌芽，经历了西方帝国主义入侵的重创之后，新时期生产技术飞速发展，生产力提高，从而解放了大量农村劳动力，为农业向其他产业的转化提供了条件。乡村工业、手工业以及"走街串巷式"的商品买卖开始发展起来，尤其是乡镇企业的出现和发展，极大改变了农村社区的产业状况和空间布局。而处于发展初期的乡镇企业由于缺乏规范化和集约化管理经验，对当地自然资源的环境造成了一定程度的破坏[5]。

市场经济时期社区的城镇化发展极大改变了社区居民的生产生活方式，并进一步影响了社区的空间形态：社区居民从农耕畜牧业中解放出来，去往城镇地区工作与生活，农村社区的劳动力减少；第一产业向二、三产业的转化降低了社区对耕地和牧场的依赖，社区地缘关系发生变化，社区分布趋于集中，社区规模扩大，同时也有利于二、三产业发展对社区间的通勤要求；城镇型社区数量增加，社区居民人口和建筑密度不断增长；现代化带来的技术进步使社区居民可以花费更多的金钱和时间营造更舒适的居住环境，从而改变了传统的建筑样式和内部风格；现代化尤其是全球化发展使社区居民更容易接触到外来文化，尤其是年轻一代受其影响较大，对于传统文化的传承产生了一定的冲击。

除了城镇化发展，对风景区社区来说旅游业发展是另一个重要驱动力，这种驱动作用对处于乡村地区的社区尤其明显。因为这部分社区经济基础较为薄弱，居民的生活水平不高，开展旅游经营极大改善了社区的生活质量，因此容易被社区居民迅速而普遍地接受。20世纪80年代开始，国家也把开展乡村旅游作为促进新农村建设的有力工具进行推广，如1982年贵州省开发了黄果树附近的石头寨民族风情旅游等。

风景区设立进一步带动了当地的旅游业发展，尽管风景资源本身的旅游经营由管理局和地方政府负责，但住宿、餐饮、交通和纪念品销售等旅游附加收益给风景区社区的经济发展注入了活力。例如位于北京市八达岭风景区周边的岔道村，2003年人均收入为18000元，是其所在延庆县平均水平的3.3倍，北京市平均水平的2.8倍[6]。

在风景区发展初期，管理局对社区的旅游经营活动限制较小，社区在市场驱动下较自由地从事旅游经营，也产生了一些建设混乱、经营无序、环境污染等问题，对风景区的保护造成了一定的影响。随着后期旅游效益不断增加，地方政府、景区管理局、开发商和其他机构也参与到旅游经营中，同时管理局对社区的旅游经营活动开始进行一定的限制与规范，旅游服务业和旅游产品加工业开始成为风景区社区的支柱产业。

受旅游业发展影响，社区居民利用其原本的生活空间从事第三产业，位于风景区内部的社区开始向景区主要干道或核心景点等游客较多的区域扩张；为满足旅游接待需求，社区道路拓宽、建筑体量加大、建筑密度增加，建设风貌和空间形态逐渐失去了传统的意味，转向商业化；外来务工人员和游客的增多改变了原有的社区居民构成，也改变了社区成员之间的社会交流方式与密切程度；社区的物价水平和公共交通价格提升。

3.1.5　驱动力综合分析

上述三个方面驱动力的共同作用造就了当前风景区社区的多样性和复杂性，不同的历史时期不同驱动力产生作用的力度不同（图3-1）。

漫长的农耕文明时期，文化意识驱动力作为主导促使丰富而多样的中国传统社区形成，经过了几千年的历史积淀，社区缓慢发展，并在社区居民思想中留下了根深蒂固的小农和宗族意识印记。近现代工业文明时期，生产力快速发展和国家制度变动超越了缓慢但深厚的文化意识驱动力，成为新的主导驱动力。在

图3-1 风景区社区历史演变驱动力作用示意图

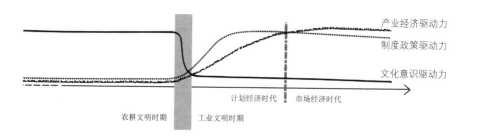

产业经济驱动力

制度政策驱动力

文化意识驱动力

计划经济时代　市场经济时代

农耕文明时期　工业文明时期

计划经济时期，政策制度驱动力影响较大，通过制度改革，改变社区治理和产业发展模式，继而对社区经济、社会、空间和文化产生影响。在市场经济时期，产业经济驱动力影响增大，并超越了政策制度的作用，社区容易受经济利益的驱使做出相应决策。遵从了市场规律的政策制度可以产生对社区有效的驱动作用，如果政策制度与市场规律相悖，或者与居民的小农和宗族意识有冲突，则其驱动作用力就会减弱，这一规律可以通过风景区社区政策实施的有效性得到检验。由于多次国家政策和制度改革的实施对象和实施效果不同，不同社区受市场驱动下的产业经济发展方式和路径不同，中国传统社区自身的多样性和受文化意识影响的程度不同，使得风景区社区具有多样性，同时风景区政策和旅游业发展两个驱动力又使这类社区具有一定的共通性。

3.2　社区现状分析

3.2.1　类型分析

通过上述历史演变和变迁驱动力分析，风景区社区个体之间具有很大的差异。很多研究者根据研究内容和角度的不同，对风景区社区进行了不同的类型划分，如从功能特征的角度出发划分为综合型城镇（城市）、旅游服务接待型村镇、生产生活型村镇[7]；通过探讨风景区与原住民关系得出三种关系类型：共生型、共存型和冲突型[8]。按照风景区村镇与旅游发展区域的空间关系可以分为核内型、邻核型、沿线型和外围型，其中核内型又可以进一步细分为原生型和迁居型，邻核型细分为旅游型和独立型，沿线型细分为通过型和停留型[9]。

风景区社区可以按照多种标准进行分类，了解多种类型划分方式有助于全面掌握风景区社区的现状。下面将从行政单位、人口规模、产业类型、区位、聚居历史、与风景区的关系等角度讨论社区基本类型。

按照社区所属行政单位的不同，可以分为乡村型社区（乡）、城镇型社区（镇）、城市型社区（街道办）。按照社区人口规模分类，由于目前尚无针对风景区社区规模的数值标准，可以参照村镇规划标准（2007）中的人口规模标准将社区分为大、中、小型三类（表3-1）[10]。

村镇规划规模分级　　　　　　　　　　　　　表3-1

社区类型	村庄人口规模（人）		集镇人口规模（人）	
	基层村	中心村	一般镇	中心镇
大型	>300	>1000	>3000	>10000
中型	100~300	300~1000	1000~3000	3000~10000
小型	0~100	0~300	0~1000	0~3000

资料来源：《村镇规划标准》GB 50188—2007。

按照社区主导产业类型的不同可以分为农耕畜牧型社区、林业经营型社区、旅游服务型社区等；按照社区与风景区相关功能分区之间的区位关系可以将风景区社区分为邻核型、沿线型、门户型和普通型社区，前三类分别代表位于风景区核心景区、主要游线两侧和景区门户区的社区。

按照聚居历史长短，可以分为原居型、外来型和政策型社区。原居型社区是指在风景区设立之前就已经存在的社区，该类社区具有悠久的聚居史和珍贵的文化传统，往往是风景区价值的重要组成部分；外来型社区是指在风景区设立之后，由于旅游利益驱使或者其他一些原因从风景区外迁移到风景区内的社区；政策型社区是指在风景区总体规划社区调控政策的要求下形成的社区，该类社区往往是由其他两类社区居民从其原住址搬迁到指定地点形成的。

按照社区与风景区之间的互动关系，可以将社区划分为共生型、依托型、普通型和受限型等。共生型社区是指社区本身是风景区价值载体的重要组成部分，与风景区有长期且密切的相互关系，社区的自身发展与风景区发展息息相关；依托型社区是指作为风景区旅游服务或者后勤物资供给区的社区，其产业发展对风景区的依赖性较强，受风景区旅游淡旺季影响较大；普通型社区是指远离风景区核心景区和主要门户，受风景区旅游和管理政策影响较小的社区；受限型社区是指社区发展对风景区资源保护产生了较大影响，往往是在环境污染和视觉景观方面，因此发展规模和发展途径受到了政策控制的社区。

此外，还有一些风景区社区难以按照通常的分类方式进行划分，在制定社区规划及其他相关管理政策时需要针对这些社区展开专门研究，如林（农）场社区和宗教社区。

　　林（农）场社区依托一个共同的事业或企业单位存在，单位职工及其家属是社区的主要成员，成员构成、社会关系和支柱产业相对单一，是一种特殊的社区类型。

　　林场概念源自中国林区的森林区划，分为国有林区区划系统和集体林区区划系统[11]。国有林区区划系统分为国营林业局、林场、营林区、林班、小班等层级；集体林区区划系统分为县、乡（林场）、村（林班）、小班等层级。与之对应，我国林场也包括国有林场和集体林场两大类。国有林场的规模通常较大，包括若干乡级及以下的行政单位，例如湖南永州的金洞林场，共管辖有6乡1镇1工区，73个行政村，总人口达到52302人[12]。

　　农场一般是指土地、自然资源、机器设备、生产建筑等生产资料属于全民所有的国有农场，需要在国家计划的指导下进行相应的生产经营活动，其产品往往由国家统一支配。国有农场在隶属关系上存在差异，可以大致分为归农垦部门管理的国有农场、归侨务部门管理的华侨农场、归军队管理的部队生产农场、归司法部门管理的劳改农场，以及归农业部门管理的良种场、园艺场、种畜场等[13]。

　　位于风景区的林（农）场社区一般仍归林业或农垦等相应的部门管理，与普通社区相比，设立风景区所带来的影响较小。社区的社会结构相对简单稳定，家庭之间的社会关系与职工在工作单位的地位关系密切相关。经济收入主要依靠林业和农业生产，风景区并未对其生产方式和经济产业带来直接影响。在管理层面，这部分社区与风景区管理局的关联性往往较低，对风景区规划政策存在配合度不高的问题。

　　由于优越的自然环境和相对偏远的地理区位，很多风景区都被当作宗教修行的绝佳场所，因此往往拥有悠久的宗教文化，分布有很多保留下来的寺庙、道观及其他宗教文化遗存。随着历史发展，有的宗教场所已经年久失修、香火不再，还有很多一直延续至今，成为风景名胜资源的重要组成部分甚至核心，如河南嵩山的少林寺、陕西华山的西岳庙、山西五台山的寺庙群等。这些寺庙和道观不仅具有重要的文化和历史价值，还与仍在其中生活的僧人和道士等居民共同构成了一类特殊的风景区社区——宗教型社区。

　　与普通社区相比，宗教型社区由于受宗教文化的深刻影响，对外界社会经济文化发展有着较强的抵御力。尽管一些现代的技术工具如手机、汽车等也被宗教居民所运用，但在宗教戒律的约束下，社区居民仍能保持诸如"食不言，寝不语""不浪费粮食"、早课、云游等特殊生活准则和方式以及传统的思维模式。

在经济方面，风景区的设立带来大量朝拜游客，给宗教型社区增加了获得经济收入的途径，主要以接受捐赠、开放售票、提供斋饭住宿的方式。居民多不再从事传统的农牧业、林业或小规模商业。很多寺庙由于朝拜游客增长，声望不断扩大，收入大幅提高，开始进行扩大庙宇规模的建设，对风景区环境产生一定影响。

在管理方面，宗教型社区由相应的宗教协会直接管理，并与风景区管理局进行协调。由于当前经济收入很大程度上依赖风景区旅游，因此在实施风景区管理政策的配合度方面比林（农）场社区要高。

尽管不同风景区社区之间存在较大差异，但由于共同受到风景区政策和旅游发展等因素的影响，还存在很多共通性，可以从产业经济、社会人口、治理模式、土地权属、空间形态等几个方面进行分析。

3.2.2 产业经济

风景区社区大多受到旅游发展驱动力的影响，旅游服务业及其相关的后勤物资供给等产业在经济结构中占有很大比重。然而，不同区位风景区社区旅游服务业在经济结构中所占比重差别较大，收入水平也有较大差异。临核型、沿线型、门户型社区的居民基本全部从事旅游服务业；普通型社区则从事旅游后勤物资供给或仍然维持原有的农耕畜牧业和林业经营。另外还有一部分社区居民受雇于风景区管理局或风景区内的其他经营单位，也属于与旅游业发展关系紧密的一类情况。

至于收入水平，一般直接从事旅游服务的居民收入水平较高，而从事其他产业类型的居民随其经营状况的不同收入差异较大，而位于偏远山区仍然从事农耕畜牧业的居民往往收入水平较低（表3-2）。例如，由于旅游经营状况的差异，位于北京市十渡风景区范围内的西河村2004年人均年收入约8229元，同样位于景区内的十渡村和平峪村人均年收入则远远低于西河村，分别为4906元和4847元，而西石门村的人均年收入仅为3875元，甚至不及西河村的一半[6]。

2011年五台山风景区不同乡镇收入对比表		表3-2
村镇名称	类型	农民人均纯收入（元）❶
台怀镇	临核型	3400
金岗库乡	普通型	2681
石咀乡	普通型	2450

❶ 数据来源:《忻州统计年鉴（2012）》。

资料来源：张晓，钱薏红. 自然文化遗产对当地农村社区发展的影响——以北京市为例. 旅游学刊，2006（02）：13-20。

3.2.3　社会人口

风景区社区人口总规模不断上升，尤其是在从事旅游服务业的社区，给风景区的保护管理带来了压力。旅游服务类社区大多是临核型、沿线型或门户型，临核型社区环境敏感度较高，大的人口规模不利于环境的保护；而沿线型和门户型社区往往位于需要严格控制视觉景观的区域，人口的增加必然引起用地规模和居住密度的增长，不良的社区建筑风貌容易对风景区视觉景观产生影响[14]。

大多数风景区社区城市化程度较低，因此社会结构更接近中国的乡村基层社区，主要以宗族血缘关系为纽带。由于中国的基层制度变迁产生了村集体、联户经营、集体农（林）场等的组织形式，从而增加了社会结构的多样性。另外，旅游业发展带来的大量外来人口冲淡了原有的传统社会结构，这在旅游服务业社区表现得更为明显。可以说，当前风景区社区社会关系呈现血缘关系日益淡化、地缘关系日益开放、业缘关系日益复杂的发展趋势[15]。

同时旅游发展度较高社区的人口结构也发生了变化，表现为原住民与外来人口比例变化，即原住民流失和外来人口涌入。这一现象容易产生景区文化氛围不足、原有社会关系单薄、居民地方认同感和责任感减弱等问题[15]。

3.2.4　管理模式

风景区社区的管理是在国家基层社区普遍管理模式基础上的微调，即在已有的城乡二元治理下加入风景区管理局的管理。

《条例》并未明确规定风景区管理机构对当地社区的管理权限，仅规定在风景范围内从事的建设活动，除被禁止的活动之外，其他均应当经由风景区管理机构的审核方可实施。

目前除五台山之外，所有国家级风景区的管理机构均是省、自治区、直辖市级人民政府的派出机构，五台山风景区于1989年设立了风景区人民政府，下辖一镇一乡。风景区范围内的社区接受风景区管理局监管的程度不一，而风景区周边的社区则更少受管理局政策的引导。

3.2.5　土地权属

风景区社区的土地权属根据社区位于乡镇还是城市有所不同。对于乡镇型社区，尽管大部分风景区社区目前均已实行了退耕还林还草政策，居民不再从事农牧业，但社区内建设用地依然为集体所有宅基地。而对于城市型社区来说，其社区用地为国有土地。

集体所有制土地权属为社区管理带来了困难。针对社区空间形态的规划、调控与管理，需要风景区管理局、村集体、社区居民、社区所属乡镇政府共同协调完成；社区宅基地权属不清晰使得社区整治中搬迁赔偿工作难以进展；利用社区空间进行旅游接待经营或者公共基础设施建设的过程中容易与居民产生矛盾等。土地、森林权属和利益分配问题往往成为社区社会矛盾的焦点[6]。

3.2.6　空间形态

按照社区空间布局与形态可将其分为自由型、线型、辐射型、组团型等（图3-2～图3-5）。风景区多位于地形起伏较大的自然区域，区位偏远、受景区影响较小的社区多保持了传统山地丘陵地区村庄的自由布局；位于主要道路或河流一侧或两侧的社区则多沿道路或河流发展，从而形成线型发展格局；而作为风景区主要旅游服务点或基地的社区，则会根据其自身规模的大小和发展需求形成辐射或组团的格局。

尽管空间形态不同，但当前风景区社区空间均存在两种背道而驰的发展趋势。在社会人口部分已经提到，风景区社区人口规模不断增加引起了社区用地的紧张。以尽量多的招揽游客为契机的建设模式过分强调容积率，忽视风貌的控制，在增大环境压力的同时，极大影响了风景区风景资源的视觉景观效果，对风景价值造成了破坏。另一方面，在那些区位条件不利于发展旅游的风景区社区，随着国家生态整治工程的实施和居民不断增长的生活水平需求，居民数量日趋减少，而这部分社区由于与外隔绝、相

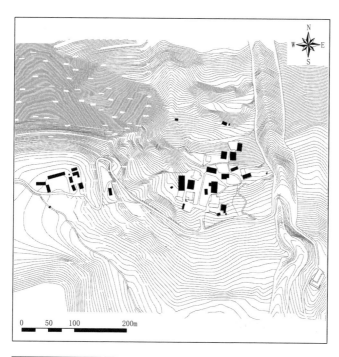

图 3-2　九寨沟－尖盘寨（自由型）（图片来源：根据九寨沟管理局提供资料绘制）

图 3-3　九寨沟－则渣洼寨（线型）（图片来源：根据九寨沟管理局提供资料绘制）

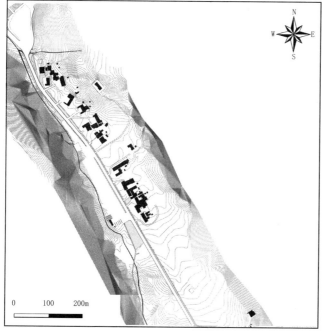

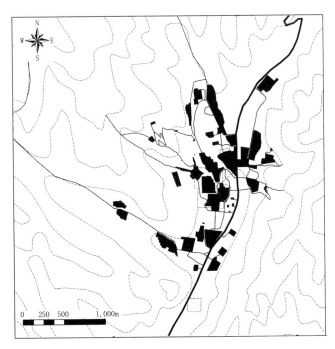

图 3-4 五台山－台怀镇（辐射型）根据影像图绘制

图 3-5 五大连池－五大连池镇（组团型）根据五大连池管委会提供资料绘制

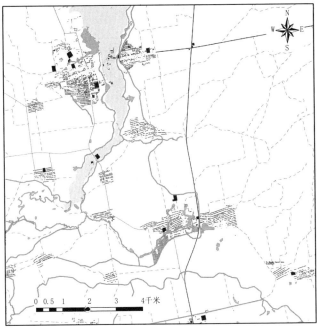

对独立的环境条件，其聚落和建筑形态往往具有较大的历史文化价值，这部分价值将随着社区居民的外迁面临丢失的危险。

从上述风景区社区基本现状分析可知，目前社区发展对于风景区保护管理的主要威胁源自旅游产业发展引起部分社区人口规模不断增长和社区用地需求的不断上升，进一步导致风景区内部环境压力的提升和风景区景观风貌的破坏，严重者甚至对风景区的核心价值造成影响。

3.3 社区规划分析

在《规划规范》出台之前，风景区规划较少涉及社区问题，当时调查了35个风景区规划文件，其中涉及社区规划内容的只有12个，仅占34%[16]。在公元2000年之后，大部分风景区针对《规划规范》的要求进行了新一轮风景区总体规划编制或原有规划修编，大都包含有关社区的政策。

本书作者对2000年之后编制的22个风景区规划文件（表3-3）进行了研究，对其中涉及的社区问题和主要政策进行归纳，目的在于发现目前风景区规划中普遍关注的社区问题和通常采用的措施，并通过与上一轮规划研究的结果进行对比，了解规划对社区的认识转变与发展趋势。

风景区规划成果案例列表 表3-3

编号	名称	期限	编制单位	规划面积（km²）	社区人口（人）	人口密度（人/km²）
1	九寨沟	2000~2020	四川省城乡规划设计研究院	720	3216	4.47
2	五台山	2003~2020	山西省城乡规划设计研究院	570.16	16169	28.36
3	五大连池	2007~2025	同济城市规划设计研究院	1060	56730	53.52
4	黄山	2005~2025	清华城市规划设计研究院	160.6	8038	50.05
5	梅里雪山景区	2002~2020	清华城市规划设计研究院	2822	13000	4.61
6	华山	2005~2020	西安建筑科技大学	182.08	66542	365.45

编号	名称	期限	编制单位	规划面积（km²）	社区人口（人）	人口密度（人/km²）
7	武夷山	2010～2030	福建省城乡规划设计研究院	68.5	12350	180.29
8	崂山	2010～2025	中国城市规划设计研究院	472.25	220300	466.49
9	泰山	2001～2020	清华城市规划设计研究院	156.2	45800	293.21
10	石林	2003～2020	广西建筑综合设计研究院/云南方城规划设计事务所	350	—	—
11	衡山	2003～2020	中国城市规划设计研究院	100.7	12673	125.85
12	大理	2007～2025	北大世界遗产研究中心	1012	—	—
13	黄龙	2001～2020	四川省城乡规划设计研究院	700	3677	5.25
14	井冈山	2007～2025	四川省城乡规划设计研究院	213.5	11000	51.52
15	九华山	2006～2020	安徽省城乡规划设计研究院	120	33050	275.42
16	普陀山	2007～2025	北京大学城市规划设计中心	41.07	18691	455.10
17	嵩山	2003～2020	河南省城乡规划设计研究院	151.38	31279	206.62
18	天山天池	2003～2020	东南大学城市规划设计研究院	158	3595	22.75
19	天柱山	2009～2025	同济城市规划设计研究院	102.72	13980	136.10
20	东湖	2011～2020	同济城市规划设计研究院	61.86	14952	241.71
21	西湖	2002～2020	杭州市园林文物局	59.04	54000	914.63
22	中雁荡山	2002～2020	江西省城市规划设计研究院	51.36	9907	192.89

3.3.1　问题分析

通过对收集到的规划成果进行考察，其中所反映出的社区问题主要集中在以下六个方面（图3-6）。

1. 社区建设规模过大

22个规划成果有19个都提到了这个问题，占总数的86%。具体包括社区居民住宅建设和位于社区内旅游服务设施的建设两个方面，规划都认识到了对风景区视觉景观和生态环境造成的不良影响。

2. 社区风貌有待提升

17个风景区涉及这一问题。具体包括社区建筑和其他设施的形式、色彩和体量对风景区的视觉景观造成影响；社区风貌与当地地域文化特色产生冲突，影响社区历史和美学价值的保护。

3. 居民过多

16个风景区涉及这一问题。主要考虑居民过多导致对住房和自然资源的需求量上升，由此引发的不良影响。个别景区还考虑到部分风景区社区居民由于住在偏远山区，生产生活方式落后，从改善当地居民生活水平的角度考虑社区居民的搬迁。

4. 耕地带来的环境影响

11个风景区提到这一问题。

5. 居民经营活动影响风景区环境

10个风景区涉及这一问题。但与公元2000年之前相比，影响风景区环境的经营活动不再主要是砍伐森林、开山取石、狩猎等不合适的资源利用形式，而是居民自发的旅游服务活动无序对风景区风貌、环境和经营秩序造成的影响。此外还有社区居民经营茶园、从事放牧等活动产生的影响。

6. 企事业单位带来的不良影响

7个风景区涉及这个问题。主要包括工业企业造成的环境污染问题、企事业单位用地规模和建设风貌对风景区造成的影响。

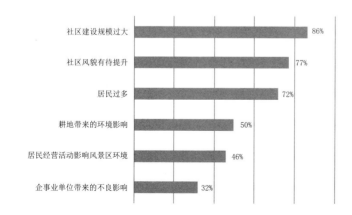

图 3-6 现有规划中反映的主要社区问题出现频率统计图

除了上述六个出现次数较多的社区问题，还有居民坟茔对风景区环境的影响、深山居民生活困难等问题。将上述居民问题与中国城市规划设计研究院曾对33个国家级重点风景区上一轮的规划成果进行研究的结论进行对比，可以发现规划主要关注的居民问题产生了变化。

许多当时大部分风景区普遍面临的问题得到了有效缓解，如地方经济落后、社区居民文化水平较低、卫生习惯差、地方面貌"乱""脏""杂"，以及工业经营污染环境等。同时，社区居民砍伐森林、开山取石、狩猎等不当的资源利用方式也得到有效控制。

而社区人口规模、建设规模和景观风貌问题还没有找到有效解决途径，同时社区旅游经营带来的不良影响成为社区的主要问题。

3.3.2　政策分析

对收集到的规划成果中所包含的社区政策进行了考察，除了针对已有社区问题提出相应解决方案外，还有部分风景区基于资源评价结果，制定了有关社区保护、经济产业引导、居民文化教育、卫生医疗等方面的政策。

出现频率较高的规划政策（图3-7）主要包括：引导社区产业发展的政策，如居民入股旅游经营公司，统一管理居民的旅游经营活动，引导居民发展生态观光农业、特色种（养）植业、传统手工业等；针对社区风貌欠佳进行的建筑和植物景观整治；针对社区人口过多和建设规模过大进行的社区搬迁政策；针对耕地问题制定的退耕还林政策；限制或禁止影响风景区保护管理的社区经营活动；基于对社区历史、美学与文化多样性价值的识别和资

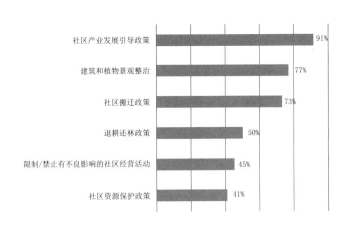

图3-7 现有规划采用的主要社区政策出现频率统计图

源评价所提出的社区保护政策。个别风景区规划成果中包含了从社区自身发展需求出发所制定的政策，包括提高当地居民文化教育水平、建立新型农村医疗保险、解决社区学校用房不足等，但这类政策的数量很少。

  将上述考察结果与中国城市规划设计研究院的研究结论❶进行对比可以发现：规划对风景区内居民人口、就业、管理等方面的政策在方向上保持了一致性和连贯性；在原有政策基础上加大了对社区不良影响的整治力度；"拆迁""整治""退耕还林"等较为强硬的规划政策比重加大，这与申请世界遗产热情的高涨有着一定的联系。例如，五台山风景区制定大规模的台怀镇区拆迁政策，很大程度上是考虑到这部分建设会对申请世界遗产产生不良的影响。

  在风景区资源评价的框架中开始社区价值认知与保护方面的尝试，这是从前风景区规划中较少涉及的问题，从前风景区规划中提出的社区问题往往是将社区置于风景区价值体系以外，从确保其不影响风景区价值的角度进行考虑，继而制定相应的社区政策。而在新一轮风景区规划中，个别风景区将社区作为一类重要的人文景源，制定了相应的资源保护和游憩利用政策。

  对社区发展需求的关注度提升，软性规划内容增加。风景区规划中增加了针对社区就业、教育、医疗、卫生等方面的政策，同时规划政策开始出现社会、经济、文化等非物质空间的引导内容。

3.4   小结

  将分析风景区现行规划文件得出的结论与前文的社区现状分析进行比对，可以发现两个分析反映的社区问题基本一致，都集中在人口规模过大、建设风貌欠佳、居民生产经营方式的影响三个方面。但当前规划政策对解决上述问题缺乏有效性，原因可能源自以下几个方面的限制。

  首先是制度层面的限制，主要包括产权制度和管理制度。在我国城乡二元土地所有制下，风景区内大量土地为集体所有农耕地、林地和宅基地，这部分土地的退耕、拆迁或整治等政策由于极大影响到社区居民集体的利益，因此实施的难度和矛盾往往较大；另外，风景区社区作为我国基层行政单位，其管理受村集体和乡镇政府两级管理，同时又受风景区管理局的监管。风景区管理局与村集体、乡镇政府之间不存在直接的领导与被领导关系，

❶ 当时研究认为规划中最主要的社区政策包括5个：严格控制人口规模；建立合理的居民点体系；建立统一的行政管理机构；创建颇具特色的文明村和风土村；淘汰型行业的劳力转向。

从而导致相关政策实施不顺畅。例如，风景区规划中制定了社区经营方面的控制政策，但给社区居民颁发营业执照的往往是其所在乡镇政府的工商管理部门，两个部门之间缺乏协调，导致政策实施力度欠缺。

其次是所处经济发展阶段的限制。当前我国正处在城市化快速发展的时期，旅游业是带动风景区所在地经济快速发展、实现产业转型的强大推动力。带来的物质利益如此巨大，以至于使人容易沉浸在对利益的追逐中而忽视了所带来的对传统文化、视觉景观等风景区重要价值的负面影响。例如，风景区建设风貌城市化、商业化的趋势一直难以遏制，社区建设规模和人口规模持续走高等现象都与目前发展阶段有密切的联系。

第三是规划认识水平上的限制。目前风景区规划对社区价值的认知有限。尽管有部分风景区规划（如梅里雪山）已经意识到社区具有重要价值，并尝试在现有风景资源评价框架内纳入针对社区的价值识别、保护和游赏利用，但这一现象仅为极少数，在全国的风景区规划实践中缺乏普遍性。另外，现有规划对风景区社区可持续发展的正当需求与权益考虑不够。规划针对社区的关注都集中在社区搬迁、风貌整治等限制政策上，甚至产生了一种惯性规划思维，即社区是风景资源保护和游赏的对立方，一般都需要对其进行搬迁或整治。规划政策的制定应当建立在充分的社区价值和影响评估的基础之上，而不是陷入"一刀切"的简化思维中，从而导致社区潜在价值和社区正当权益的丢失。

第四是规划技术方法上的欠缺。公众参与尤其是社区参与的极度缺乏，容易引发误解与纠纷，增加规划实施的阻力。风景区社区居民是风景区资源的直接使用者，受风景区规划政策的直接影响。对其所持观点和发展权益的尊重是各项规划政策能够有效实施的保证。目前风景区规划社区参与的程度非常低，很多社区在规划通过多年之后，对相关政策仍然知之甚少，在规划编制阶段的话语权更是十分有限。

上述有的限制因素难以避免，或者在短期之内难以改变，例如产权制度、行政管理制度和发展阶段；有的因素则可以通过相关从业人员、研究专家或管理机构的深入研究、广泛借鉴、谨慎尝试等加以改善，如规划认识水平和规划技术方法。本书将在接下来的章节从社区价值体系分析入手，深化对当前风景区社区和社区政策问题的认知，并进一步探讨在当前既有的限制条件下风景区社区治理与规划的优化方案。

第 4 章

风景区社区价值体系

4.1　遗产保护领域的价值研究

　　近几十年遗产保护领域面临着一系列变化：一是遗产保护对象的范围不断扩展。由最初严格刻板筛选所谓"杰作"和"历史纪念物"到广泛涉及地方建筑、建筑群、自然与文化景观以及其他对特定社会团体具有重要象征意义的对象。二是遗产鉴别与保护工作影响力增大。不再仅仅是少数专家和学者有兴趣或者有权利参与的工作，由专业技术实践活动变为广泛的社会文化活动，任何有关的利益集团和有兴趣的市民团体都牵涉其中。三是保护方法研究视野的扩展。由只研究方法技术本身扩展到对在什么时候、在何处、为什么运用这项新技术的全方位理解[1]。

　　在上述背景下，保护领域专家意识到在保护对象确立、保护政策制定和保护政策实施过程中都贯穿着价值问题，因此开始重视价值方面的研究。

　　首先，确立什么是遗产，什么需要被保护，本身就是一种价值判断。最初少数专家的意志占绝对统治地位，现在加入不同市民团体、政府、部门等的意愿与选择，遗产的价值由单一化向多元化转变；其次，任何保护管理政策的制定过程都贯穿着"价值判断"的问题，面临多重价值的取舍与协调；再次，受遗产保护管理政策影响的人群范围扩大，因此公众关注度提升，带来了多种价值观念之间协调的问题。

　　当前关于价值的研究主要包括四部分内容：遗产的形成过程研究，主要研究价值是如何产生及变化的，是背景和动力机制的研究；遗产价值的类型学研究，即从多学科的角度研究如何定义和描述价值；遗产价值的评估方法研究，运用多学科方法研究如何计量和比较价值；遗产决策过程中的参与方法研究等。

　　在所涉及的学科方面，由于经济学领域对价值研究的历史较长，理论体系较为完整，成为开展此类研究的重要阵地。此外，还广泛涉及人文社会学、环境学、城市规划学等领域的理论与方法。下面将就各学科主要研究进展进行综述。

4.1.1　文化经济学

　　经济学领域研究价值由来已久，随着研究范围的不断扩展，出现了文化经济学、旅游经济学、生态经济学和环境经济学等分支学科，对保护领域的研究和实践起到巨大推动作用。经济学家Throsby在将经济学理论和方法引入遗产保护领域尤其是文化遗产保护方面做了大量的工作。

首先需要承认文化价值与经济价值之间的差异性，两者之间的相互关系并非一一对应，因此在界定任何文化商品时，有必要将经济价值与文化价值作为不同的主体进行考察。与经济价值相比，文化价值的特殊性在于文化或文化物品的普遍性、超越性、客观性与无条件性，其构成要素可能包括审美价值、精神价值、社会价值、历史价值、象征价值、真实价值等。

尽管如此，由于经济价值与文化价值之间存在某种关联，在遗产价值中建立经济话语和文化话语之间的联系仍然具有重要意义，是当前遗产保护研究的一个重要学科交叉领域。在这方面，Throsby试图给出了一个在经济学领域简明的逻辑关系，用以概念化和评估遗产价值，这一逻辑关系的关键概念是可持续性与文化资本，并进一步运用经济学理论来分析形成于经济学领域之外的文化价值理论和现象[2]。在评估方法方面则从文化物品价值的多维度属性出发，探讨合理评估文化遗产价值的几种经济学评价工具，他认为所有文化价值要素都可以纳入个人效用经济理论框架之下，即按照支付意愿❶的概念转化进行价值大小的比较。

4.1.2 人文社会学

人文社会学科在遗产价值研究领域的关注点主要是遗产保护开发项目与阶层矛盾、人类活动、政治党派等社会现象的相互关系。

历史与保护学家Bluestone认为在遗产保护中，经济文化发展带来很大威胁，并从遗产加强社区连结功能的视角对其价值进行了探讨[3]。地理学家Lowenthal认为遗产保护领域目前面临的问题主要包括：当前社会各界普遍未把遗产当作一类紧迫危机；认为遗产的保护是一种拖累而非获利行为；当代遗产存在过度供给的情况；将遗产作为党派之争的工具；专业化水平的下降等。呼吁在保护领域减弱专家的参与力度，更多地融入广泛的社会观点[4]。

博物馆研究学者Pearce则关注遗产的社会构筑过程[5]。通过追溯遗产（heritage）一词的起源，讨论各个空间尺度的人类活动构筑遗产的过程，针对未来形成遗产的领域进行预测。在此基础上提出了一种描述遗产价值的框架性工具（表4-1），这一工具可以帮助研究者把复杂融贯的文化过程打碎为若干有用的片段，从而定义某具体研究工程，可以用于在不同的尺度范围或者特定领域内讨论出现的问题，也可以在特定时间和地点考察具体的压力和威胁。最后以伦敦塔为例，论述了其国家层面的重要意义，并描述了其在民族等其他层面的若干影响。

❶ 如果某人认为A物品在审美价值、精神价值或其他方面较之B物品更胜一筹，那么在其他方面条件相同的情况下，他当然愿意花更多钱购买A物品。

表4-1

在不同层面社会组织中构成遗产的活动、相互关系和作用力

活动	作用力	文化（例如有关土地及其原材料的视角和利用）		物质文化	信念（宗教/政治/意识形态等）	直接政治/经济压力	自觉的文化再生产模式
		历史	关注土地及其原材料的选择性利用				
个人	我们与他人之间的矛盾（种族的、文化的和宗教的）	希望保存记忆，选择性自传	安全竞争与适当的共享	个人口味，衣服、财产、纪念品、购物中心理学	个人信仰	个人妥协	一致性和反叛性态度选择
家庭	人类易错性（贪婪、偷窃、麻木、怀旧等）	希望保存家庭记忆，创造家庭历史	被看作"恰当"的生产和消费实践	选择国产产品、衣服、传家宝、购物习惯	家庭传统属性	希望提高法律地位，通常被看作技术层面	母亲的膝盖、父亲的故事
当地社区	可感知的来自原材料、劳动和债务的经济压力	起源故事和地方象征（local account）的选择	被选作当地分配的自然结构、建筑、食物	通过选择复合时尚创造文化	总是处在变化中的地方家庭传统融合	努力疏散地方怨恨，对迫使改变压力的抵抗	"向Nelly学习"公认的长者宗教，"big men"雇佣者，地方协会
民族	经典文化流行文化的碰撞，包括电子、旅行、游客在内的全球化交流速度	形成起源故事，"祖先"管理的阐述	形成"良好秩序观""好食物""合适工作"的叙述性故事	物质象征物的操作利用，创造遗迹	构筑从历史世界视角出发的认同感	可感知的"传统生活方式"脆弱性，对手工业商品的威胁	与协会联合甄选授权进行文化再生产

续表

活动	作用力	历史	文化（例如有关土地及其原材料的视角和利用）	物质文化	信念（宗教/政治/意识形态等）	直接政治/经济压力	自觉的文化再生产模式
国家/主权国	媒体机构、政治和军事力量、人口与空间压力	管理大部分资源以形成经过甄选的民族史叙述	构建故事，例如大米稻田景观或法国菜肴	创造偶像、大宗生产的影响，原材料压力，"高端文化"与艺术	甄选被包含和排除的态度，以及真实的效果	形成支持生产大于消费的立场，税收增加、内部镇压	州际教育体系，文化管制系统，机构及其层级关系
世界	职业化和其他	有关新殖民主义、西方主义、东方主义宏伟叙事之间的竞争	选择不同的叙事、有争议的，或者和解的，如世界遗产名录	创造世界级偶像，例如蒙娜丽莎	构筑主要的竞争体系（基督教、伊斯兰教、犹太教、资本主义和共产主义）	被允许的跨国公司措施，战争、恐怖主义	国际机构、旅游和交往，国际媒体，国际团体，压力团体，思想鸿沟

资料来源：翻译自参考文献[5]。

4.1.3 环境科学

环境科学领域针对价值问题的研究最初以政策和土地管理为目的，而后扩展到研究相关政策的公众影响等社会伦理方面。在价值取向上由最初生态或伦理专家为主导的绝对价值观念转变为以经济学家、心理学家、社会学家和人类学家为主导的相对价值观念，即认为没有完全对或错的价值定位，只有不同的价值认知方向，强调研究者分辨不同价值认知方向的责任和职能，但不需要对价值做出判断或者影响[6]。

具体到自然资源的价值，经济学最早重点关注对农业土地资源价值的研究，随着现代环境问题的出现，自然资源的经济学研究增多，生态经济学、环境生态学、自然资源生态学等分支学科不断出现。

在自然资源价值的类型学研究上，Groot认为自然资源有4类价值，包括37种功能[7]；Pearce等同样认为环境的价值有4类，包括直接使用价值、间接使用价值、选择价值和存在价值[8]。Rolston在对收集的有关自然资源价值表述进行考察后提出了35种价值定义分类，经过几轮淘汰最终确立了25种，其中共包含416种价值表述，对这416种价值表述在不同价值分类中的使用频率进行排序，频率最高的前六种为生态可持续性、公平原则与自然权利、哲学或精神价值、游憩价值、美学价值、生命支持价值[9]。

Kellert认为人类对于自然资源有着天生的喜爱之情，这种与生俱来的属性源自九个方面的基本价值类型（表4-2）[10]。

自然资源的基本价值类型学　　　　　　　　　　表4-2

价值	定义	功能
实用主义	自然实践和材料上的开采	物质生计支持/安全
自然主义	自然的直接体验和勘探	好奇、发现、游憩
生态科学	自然中结构、功能和关系的系统研究	知识、理解、观察能力
美学	自然的物质感染力和美感	鼓舞、和谐、安全
象征	自然作为语言和思想的运用	交流、精神发展
人道主义	强烈的情感联结以及对自然的"热爱"	联结、共享、合作、陪伴
道德主义	对自然的精神敬畏和伦理关注	秩序、意义、亲属关系、利他主义
统治论	掌握、物质控制和统治自然	机械技术、物质威力、征服欲
否定论	害怕、厌恶和疏远自然	安全、保护、敬畏

资料来源：翻译自参考文献[10]。

4.1.4　城市规划学

城市规划领域重点关注在城市中保护本国遗产所面临的挑战。由于受到全球经济和人口变动的影响，加上国家到地方各级政府的政策变化，城市往往面临无数的压力，住房、商店、广场和街道的历史机理不断退化。这一现象一方面体现出历史建筑机理的使用价值不断提升；另一方面体现出对文化价值的忽视。考虑到这些城市的发展特征和所面临的社会压力，在文化保护领域探讨如何抵御社区结构性侵蚀显得越来越重要。

然而目前保护领域还没有做好准备处理上述城市中心的问题，大多数保护工具和观念往往形成于发展较好且稳定的城市环境下，在快速发展的城市中并不能很好地发挥作用。另外，当前的保护策略仅仅局限在给纪念物式遗产授予特权，并未充分考虑并重视采取保护策略时有可能给当地社区的日常生活环境带来更加复杂的经济社会影响。基于对上述问题的关注，城市规划领域所研究的议题主要围绕经济发展、社会变迁以及文化遗产在满足现实需求时所产生的连锁效应等展开。同时，研究如何基于跨国家的、政府的和当地合伙人的联合，并通过开展新的政策和项目，将遗产保护工作扩展到社会发展项目中[11]。

4.1.5　我国遗产保护领域

我国遗产保护领域对于遗产价值的研究主要集中在价值类型方面，并对各类型之间的关系进行了初步探讨。朱畅中认为风景资源包含生态、美学、历史、科学、文化艺术、游览观赏和经济等七类价值[12]；徐嵩龄探讨了自然资源的价值表达方式，认为自然资源的价值可以直观表述为存在价值、经济价值与环境价值之和，而自然资源的总体货币价值则为选择价值、用户经济价值与环境经济价值的总和。其中自然资源的存在价值所涉及的经济学价值通过对自然的非消耗性利用（即科研、观赏性旅游等）形成的选择价值体现。[13]王秉洛认为世界遗产价值可以用直接实物产出价值、直接服务价值、间接生态价值和存在价值四个方面来概括[14]。郑易生将自然文化遗产的价值分为三大类，分别为非经济价值（存在价值）、潜在经济价值和直接经济价值。对应三个利益群体：全体社会成员、周边社区和开发商[15]。刘治兰尝试运用效用价值论和马克思主义劳动价值论两个经典价值理论分析自然资源价值的实质、来源及实现形式[16]。谢凝高在分析了风景区体现出的人与自然精神联系的历史演变之后，认为风景区存在自然科学价值（地质和生物层面）、自然美学价值和历史文化价值，并且具有保护性、公益性、展示性和传世性特征[17]。陈耀华等在综述了国内外主要的自然文化遗产价值认知基础上，从系统论观点出发，认为中国自然文化遗产价值体系由本底价值、直接应用价值和间接衍生价值构成，体系具有明显的层次性和空间性[18]。

4.2　价值及边际效用价值理论

4.2.1　价值

"价值"一词最先产生于古典经济学领域，后被引入人文社会学科，当前价值概念已经广泛存在于哲学、伦理学、人类学、社会学等各个领域，成为一个重要的基础性概念。尽管很难给"价值"下个明确的定义，但在不同学科的表述中"价值"往往与"利益""功能""意义"等词有密切的联系。

经济学中的价值理论主要包括劳动价值论和效用价值论两大分支。劳动价值论认为价值是凝结在商品中的无差别人类劳动，强调事物所具有的绝对价值，也叫内在价值，其大小一般通过商品的交换得以体现。效用价值论则将人的需求与偏好纳入到价值理论之中，认为事物之所以有价值是因为其提供利益、优势、快乐、好处或者幸福的内在属性。尽管最初效用价值分析的方法因"消费者仅仅基于其个人需要就形成井然有序的偏好，而不受制度环境、控制和调整交换行为的社会互动与过程影响"的前提假设受到很多批评，但当前大多人文社会学科对于价值理论的引入多从效用价值论的角度出发，用以表述人作为价值主体与事物客体之间的效用关系[19-20]。

人类学、社会学和伦理学对于经济学"价值理论"的引入均体现出其各自学科的研究需求，因此定义差别较大。但纵观各个学科所采用的价值定义（表4-3），大都包含价值的三个核心构成要素，即价值主体（个人或团体）、价值客体、主客体关系（利益、需求、功能、意义）等。这三大要素与经济学领域的效用价值论有着密切的关系。

不同人文社会学科对"价值"的定义及特征　　　　表4-3

学科	"价值"定义的基本表述	特征
哲学	在马克思主义哲学领域，价值是价值理论的核心概念，是指事物、现象或者行为在人类需要维度的趋向、可能或结果，与主客体关系中客体趋向主体、物对于人的存在意义有关。一般认为价值具有客观性、主体性、社会历史性等特点[21]	强调价值主客体之间的关系，尤其是客体对主体的作用
人类学	在人类学中，价值影响人们的行为、手段和目标选择，对社会而言，价值是有关社会成员对周围事物的评价和根据某种认知标准判断什么是对社会有益的或者正当的行为。有的人类学词典把"价值"看作一种人类的选择取向，反映人类的需求和欲望，以及实现上述需求和欲望的方式和态度。在《价值通论》中，佩里认为"有利益即为有价值"[22]	强调价值的主体性，即个人或团体的取向及其形成
美学	人们判断某物体、文学艺术作品是否杰出或值得关心的依据。往往研究美学价值，认为价值与兴趣和愿望有关。从审美角度出发，在价值判断标准的主观性与客观性之间存在争论，同时也有将两者进行整合的"客观相对主义"观点[23]	强调客体是否能够引发主体的兴趣
社会学	是指客观事物作为某种态度的对象，对人的意义。与人类活动中的人类需要相关，可大致分为客观对象和主观对象两类，前者如财富、地位、知识、权力、爱好等，由于能够满足人类的现实需求，因而值得人们花费时间精力去追逐；后者如信仰、理想或其他社会观念、意识思想等，由于能够对人类产生某种积极或消极影响，因而促使人们追逐或避免。满足人类需求或能够产生积极影响的对象，意味着对人类有一定的意义，意义越大往往价值越大，进一步促使个人形成社会态度[24]	强调主客体之间的关系，是以利益、需求、功能、意义等作为联系的纽带
伦理学	伦理学上的价值往往指道德价值，即某现象对主体具有的伦理层面或道德层面的意义。道德价值是道德关系的外在表现。道德价值可以通过结识人们行为所产生的意义或后果来约束或调整人们的行为，并形成一定的道德衡量标准或善恶准则[25-26]	将"人的行为"作为价值的客体进行考察

在上一节中已经论述了当前遗产保护领域研究的价值转向，经济学在价值研究的历史和理论基础方面都存在优势，对遗产价值研究具有不可忽视的地位。但需要承认的是，不管是文化资源还是自然资源，传统经济学的价值理论均难以完全解释遗产资源价值的内涵，这主要是因为遗产资源作为一项公共物品的固有价值（绝对价值）和个人选择偏好背后的社会制度环境。尽管存在局限性，但传统经济学的价值理论，尤其是边际效用理论，可以帮助我们理解文化和自然资源的"效用性"和"稀缺性"，很多价值分析的方法也可以作为遗产价值分析的有力工具。

4.2.2　边际效用价值论

一般认为边际效用价值论形成于19世纪70年代，杰文斯、门格尔和瓦尔拉斯几乎同时而又各自独立在英国、奥地利和瑞士提出了效用价值论和边际分析方法，认为决定价值的是效用而不是生产成本。后来边际效用成为马歇尔著名的《经济原理》中经济分析的重要组成部分[27]。边际效用价值理论认为事物的价值体现在其"效用"上。效用是指某事物满足人需要的能力，其大小取决于物品对使用者的效用和资源的稀缺性，取决于消费者主观心理上感觉到的需求满足[28]。所谓边际效用是指每增加一个单位消费量所引起的总效用的增量，边际效用存在递减的规律，即当消费者连续消费某种商品时，随着商品量的增加，他从每单位商品中得到的边际效用呈现递减趋势[29]。

由于效用和稀缺性这两个关键要素与保护领域中的自然与文化资源属性具有一致性，将边际效用价值理论用于分析自然与文化资源的价值具有实际意义。Throsby认为文化价值要素足以纳入个人效用经济理论框架之下[30]。Farley利用边界效用理论解释了生态保护领域经济学的意义，将自然资源利用抽象为"边际效用递减"和"边际支出递增"两个趋势，认为保护工程实施的重要节点就是当边际效用和边际支出相等的时候，此时的总效用是最大的[31]。梅林海等则从效用价值论角度，论证了自然资源的价值，同时还运用供求曲线来解释自然资源的价格形成机制[28]。

本书在第3章已经论述了中国风景区社区的历史与现状，社区的特征是位于自然资源优良地不断发展中的人类聚落，其价值一般具有自然和文化双重属性，包含多种类型。同时，大部分风景区社区承担了风景区旅游服务接待的任务，其中涉及居民、游客、管理者、保护专家、开发商等多种人群的相互利益关系。在进行风景区社区的规划管理决策时，有必要对社区所涉及的多种价值类型、价值取向和相互关系进行梳理、比较和权衡。

本书尝试以从边际效用价值理论抽象出的"价值客体-效用-价值主体"模型为基本框架，分析风景区社区价值体系。并借此进一步研究当前风景区社区的现象和政策。

在运用该基本框架的时候应该意识到，边际效用价值理论存在局限性。首先是其研究的基础是强调个人消费主义的微观经济学，因此应用在作为公共资源的风景区具有一定的不适宜性；第二是效用价值理论在解释遗产固有价值方面存在难度。因此，本书通过引入多种利益主体、借鉴制度经济学领域的公共产品概念（public goods）❶和遗产保护领域的相关研究等进行框架补益。

❶ 这部分内容详见第6章。

风景区社区的概念包含了空间、人及其关系等多重要素，既有可能是风景区资源重要组成部分，也是风景区资源的重要利益群体，本书在分析风景区社区价值体系的时候分两个维度讨论：一是将风景区社区作为价值客体，讨论其对不同利益群体来说所具有的效用价值，体现的是"社区具有哪些功能"；二是将风景区资源作为价值客体，风景区社区作为价值主体，讨论风景区对风景区社区来说所具有的效用价值，体现的是"社区拥有哪些需求"。在上述两个维度，风景区社区分别扮演了价值客体和价值主体两个不同的角色。在每个维度分别探讨包括哪些价值类型时，主要基于对"何种功能被实现""何种需求被满足"两个问题的追问。

在分别讨论之后，针对风景区社区价值体系整体以及该体系与风景区价值之间的关系等问题，还需做进一步的思考。

4.3　风景区社区作为价值客体

这一部分重点讨论风景区社区具有哪些功能。在当前风景区资源（下文简称"景源"）评价体系中，可以把涉及社区的那部分景源看作社区作为价值客体的已有实践。根据《规划规范》中的风景资源分类表❷，建筑、胜迹类人文景源往往位于社区范围内，例如五台山风景区的重要寺庙位于台怀镇范围内；或者风物类景源需要依托当地社区而存在，例如一些当地特有的民风民俗和历史传说等；此外，有的社区本身就是风景区的综合性景源❸，如九寨沟风景区的树正和荷叶社区。在进行风景区资源评价时，评价了风景区社区作为价值客体所具有的审美或游憩方面的功能，挑选出具有风景区级别重要性的要素作为保护对象。

❷ 将景源分为自然与人文两大类、八个中类，分别为：天景、地景、水景、生景、园景、建筑、胜迹、风物；以及每个中类下若干小类。

❸ 指包含自然与人文双重属性的景源类型。

景源评价体系将社区进一步拆解为建筑、古迹、文化传统等若干要素，被拆解的要素便于从审美、历史和文化多样性等角度确定具体价值类型，从而增加了操作性。但由于评价体系的目标是确立保护对象，对价值主体是谁、主体和客体之间的效用关系的理解较为模糊，因此难以在风景区社区政策制定阶段提供认知现状与问题的全面指导。

本书根据风景区社区对不同主体所具有的功能效用，将价值细分为生活价值、游憩价值、研究价值、经济价值和选择价值五大类，分别对应五个效用需求主体：社区居民、游客、研究专家、开发运营商和潜在使用者。

4.3.1　生活价值

生活价值是指风景区社区提供日常生活所需各种条件的功能，其对应的价值主体是社区居民。例如，社区内的建筑满足居民的住房需求，道路与交通设施满足居民的出行需求，社区的集市、商店满足居民购物需求等。

满足社区居民的生活需求是风景区社区的基本效用，是社区是否存在的关键。因此，在确定了社区在风景区的存在意义之后，应当确保社区的生活价值不被损害。在这一方面，包含众多当地社区的英国国家公园在管理过程中非常重视维护社区的生活价值，以满足居民在国家公园的各种生活需求。例如，针对当前国家公园普遍存在的居民住房价格过高问题提出了相应的可支付性住房保障措施，针对居民交通出行的拥堵问题进行设施改善等等[32]。

4.3.2　游憩价值

游憩价值是指风景区社区所具有的提供游憩和旅游服务的效用，对应的价值主体是外来游客。例如，社区优越的生态环境或者景观风貌吸引游客前来观光游览或休憩，社区的基本生活服务设施满足前往风景区旅游的游客饮食住宿购物需求等。

游憩需求实际包括两个层面，一个是风景区社区本身作为旅游目的地之一，满足游客的游览需求，例如民族风情小镇自身的旅游吸引力；另一个层面是风景区社区作为风景区的旅游服务基地，满足游客临时生活需求，例如有的社区位于风景区门户区域或重要交通要道附近，以此为依托形成旅游服务基地。

游憩价值并非风景区社区的基本价值，很大程度取决于社区的旅游吸引力、服务设施健全程度和交通区位条件等。很多位于海拔较高、交通不便的风景区社区并不具备满足游客相关需求的效用，因此不具有游憩价值。

4.3.3　研究价值

研究价值是指风景区社区由于在历史、文化、审美等方面具有象征意义，能够满足相关领域专家研究需求的效用。其对应的价值主体是具有特定研究兴趣的专家个人或团体。一般来讲，风景区社区具有审美、历史、文化等多个角度的研究价值。

1．审美价值

风景区社区由于位于自然资源条件优良的区域，有着悠久的发展历史，与一般聚落相比更容易形成有特点的地域景观，因此具有较高的审美价值。风景区社区的审美价值主要集中在社区与周边环境的关系、社区自身及其内部要素三个层面，具体可能包括地形地貌背景、土地利用、景观格局、空间结构、边界与入口、街巷与公共空间、水系、院落空间、建筑与装饰、居民传统服饰等方面。

2．历史价值

由于区位偏远以及风景区的屏障作用，有的风景区社区能够抵御外界主流文化的入侵，依然保留某一历史时期人类聚落的传统生活生产智慧和物质遗存，对于相关领域专家来说具有历史研究的价值。

3．文化价值

风景区社区在漫长聚居历史中孕育出了优秀的传统文化，如宗教文化、少数民族文化和农耕文化等，这些文化所体现出的朴素伦理观与自然观，既为风景区优越自然条件的保存提供了保障，又与自然环境相互作用，形成了珍贵的物质遗存，以寺庙、道观、民族村寨和传统村落为代表的风景区社区是这一文化价值的集中体现。

从上面对研究价值所包含的审美、历史和文化意义的论述中可以发现，风景区社区研究价值的形成源自其长期以来生活功能的实现，也就是说研究价值与生活价值之间具有密切的关系。

此外，尽管此处把研究价值的价值主体限定在相关领域的专家，但在对风景区社区的审美、历史、文化价值进行深入研究之后，能够更进一步满足更广泛的社会公众对相关知识的获取需求，即教育价值。因此，可以认为研究价值还可以进一步衍生出其他价值。

4.3.4　经济价值

经济价值所对应的价值主体是开发商和经营者，与上述居民、游客和研究专家等价值主体不同，他们主要追逐表现为金钱货币的交换价值最大化，主要采取的手段是满足其他价值主体的需求，例如景区经营者通过满足游客的游憩需求而获得利益，地产开发商通过满足居民的居住需求或游客的度假需求而获得利益等。在这一问题上，管理局虽然是政府部门，往往认为代表公共利益，但从其收取景区门票的角度来讲，在一定程度上可被认为属于经营者范畴。

根据效用价值理论，经济价值属于交换价值，而不是上面三类价值所属的使用价值。开发经营者对于风景区社区并无直接需求，而是在给他人提供满足需求的商品过程中从他人的最大支付意愿价值和实际支付价值之间的差值中获得剩余价值。可以说，开发经营者属于间接价值主体，而社区居民、游客和研究专家属于直接价值主体。

风景区社区满足上述直接价值主体需求的功能产生了使用价值，间接价值主体则在上述功能的实现过程中获得经济价值。这一过程可以理解为，商品的供给一方是开发商和管理者共同作用下的风景区社区资源，需求一方则是居民、游客和研究者。在当前风景区社区中，经济价值的实现较多依赖基于游憩价值的商品供给，其次是生活价值，而研究价值所能带来的经济价值最少。

4.3.5　选择价值

在讨论遗产价值时，大部分学者往往会论及它们与一般商品相比所拥有的特殊属性。Throsby认为文化资源与自然资源在这个问题上存在相似性，首先都是当代人所接受的馈赠，不管其来源是人类活动还是大自然；其次是都具有支撑作用，文化资源支持与维护人类文化生活和文化活力，自然资源支持与维护"自然平衡"；第三，都面临维持多样性的问题[30]。比尼亚斯在论及文化保护的时候认为是否具有象征物和民族史证物功能是列为保护对象的决定要素[33]。从效用的受益者角度，遗产的受益对象往往是全体社会成员（自然遗产甚至有可能扩展到其他生物），不仅包括当代人还包括未来子孙。

上面讨论了遗产价值的三个重要属性，即可持续性、可支持性和多样性，很难运用通常的效用价值模型加以描述和研究，因此有经济学家引入了选择价值（option value）的概念，所谓的选择价值是指使用者为未来某一时刻可能的效用而做出的预先支付，从而将不能进行量化或比较的遗产价值转化为可以通过一定手段进行比较的选择价值[34]。

风景区社区同样具有选择价值，是指社区在未来具有的满足生活、游憩、研究需求的效用，其对应的价值主体包括现在和未来潜在的需求者。可以认为选择价值的价值主体具有不确定性，是未来潜在的社区居民、游客、研究专家或开发经营者，由于任何人都有可能成为这一群体，因此，广泛的社会公众往往被认为是选择价值的价值主体，此外，社会公众的范围还有可能扩展到未来人类甚至非人类领域。

除上述五大类价值主体，风景区管理者也是重要的利益相关者，在讨论经济价值时已对其收取景区门票行为所反映的价值关系做了讨论。但总体来说，风景区管理者往往代表国家及其背后更广泛层面的公共利益，其需求并不以使用价值或者交换价值为导向，而考虑更多更广的社会目标，从这一角度来说，风景区管理者应当作为选择价值的价值主体的实体代表而存在。

4.3.6　关系与特征

上面分别论述了作为价值客体的风景区社区所具有的价值类型，同时也论述了不同价值之间的关系，可以发现其中相互关系的复杂性。在当前状况下，可以将上述关系简化表述为：生活价值和游憩价值是风景区社区的基本价值，其分别衍生出了研究价值和经济价值，而选择价值则是上述四类价值得以持续存在的保障。

作为一种价值客体，风景区社区与通常价值理论所讨论的商品相比具有特殊性。首先是非物质性，风景区社区功能的实现往往是通过满足一种精神需求，如游客的旅游需求和专家的研究需求。其次是公共性，风景区社区带有很大程度的公共资源属性，主要体现在其存在价值所面临的价值主体的广泛性方面。第三是有限性，尽管风景区社区本身不参与交换，但由于社区容量有限，在体现生活价值和游憩价值时，居民和游客密度的增加会影响价值的实现质量与能力。第四，具有不可再生性，风景资源本身是我国珍贵而稀缺的资源，其内兼具上述五类价值的社区也较少，对某一价值的过度攫取会造成价值客体的破坏，历史传统和风貌往往难以恢复。

　　边际效用价值理论中的稀缺性概念和边际效用递减规律有助于衡量不同类型价值的重要性。这一方面通过价值客体本身的稀缺性反映；另一方面可以通过价值主体需求的稀缺性（边际效用最大）反映。前者可以用来解释风景区社区研究价值所具有的重要性，即社区作为某研究对象的独一无二性；后者则可以用于解释如下的现实状况：常年居住在风景区的居民对风景区社区的支付意愿不如在现代大都市生活的居民高，因此游览和休憩需求相对于日常生活需求来说更被价值主体所珍视，也就是说效益最大[35]。因此，开发商往往倾向于以外来游客的需求为优先。

　　市场在进行资源配置时可以灵敏地察觉后一种供求关系变化，促使风景区社区游憩价值实现过程中产生的经济价值最大化；而价值客体本身的稀缺性由于不能通过价值主体的支付意愿体现，所以不能通过市场反映，表现为对风景区社区研究价值，以及其赖以形成的生活价值的重要性关注较少。这就可以解释为什么现实情况下当面临冲突需要进行决策时，社区的生活价值和研究价值往往最先被牺牲掉。这种政策惯性容易引起社区作为居民生活空间的基本价值属性的丧失，继而使研究价值受到威胁。

4.4　风景区社区作为价值主体

　　社区中人的要素占主要地位，社区不仅具有多种功能，还有多种需求。由于生活在风景区范围内，社区居民的很多需求需要在风景区得以满足。因此，本节重点分析风景区社区作为价值主体，风景区满足其需求所产生的价值，主要包括经济价值、环境价值、游憩价值和精神价值等❶。

4.4.1　经济价值

　　通过前文对社区历史发展的回顾，风景区社区居民大多在风景区范围内从事生产或经营活动获得经济收入，因此风景区需要满足其经济需求。尽管很多风景区都实施了退耕（牧）还林（草）工程，尚有大量风景区内仍存在一定规模的农田、经济林与牧草地，居民通过从事农耕、林业或畜牧业获得经济收入。而当前风景区规划多倡导社区全面参与风景区的旅游经营、游客服务和管理事业，以满足居民的经济需求。此外，部分风景区还有针对社区居民的经济补偿，补偿金的来源多为门票收入，也属于此类经济价值。

❶ 社区居民也具有基本的生活需求，由于这一关系已经反映在社区作为价值客体的生活价值里，在这里不再赘述。

4.4.2　游憩价值

风景区优美的自然人文环境，能够满足当地居民休闲游憩的需求，产生游憩价值。这是风景区社区居民在满足基本生活需求之后更高层面的需求。对于居住历史悠久的社区来说，风景区优美的自然环境本就是其休闲游赏的场所，在很多风景区的历史记载中都能找到有关古时居民携家眷附近出游的内容，而对于佛教、道教等宗教型社区居民来说，云游赏景作为其修行的重要内容，更为常见与必要。随着当今风景区社区居民生活水平的不断提高，居民也有更多的闲暇时间参加休闲娱乐活动，游憩价值将越来越受到重视。对于风景区来说，社区游憩需求会进一步增加景区旅游压力，如何平衡来自游客与居民两方面的游憩需求，将是风景区未来需要考虑的内容。

与游客的游憩需求相比，风景区社区的游憩需求在内容和频率上会有很大差别。这一结论在美国费城国家历史公园的一项研究中已经得到验证。游客将风景区看作是增长知识和开阔视野的场所，到访风景区的频率往往不高，很多游客甚至一生仅会到访某风景区1~2次。而对于风景区社区来说，风景区满足其游憩需求与居住区花园满足住户游憩需求的情况类似，属于居民的日常需求，在资源利用频率上较高。由于两种游憩需求的差异，有可能通过空间和时间的手段解决风景区在满足两种需求时的均衡问题。

4.4.3　环境价值

风景区优越的自然条件能够满足社区居民在生活环境质量方面的需求，从而体现环境价值。与生活在大都市所面临的恶劣条件相比，风景区为当地居民提供了更为优越的环境条件。

由于风景区社区大多处于城市化水平较低的区域，社区居民对所拥有的优越条件往往不够重视，使环境需求显得并不迫切。可以预见的是，随着全球环境状况的不断恶化，人们对清洁的空气、洁净的水源、广袤的绿地、宁静的氛围等美好环境事物的需求程度将不断上升，未来环境价值将获得越来越多的关注。这一方面可以促使风景区社区居民更加珍惜现有的环境，在生产生活的过程中自觉保护环境；另一方面由于"居住在风景区"显得越来越吸引人，可能会引起在风景区购置房产的需求不断上升，带来风景区建设过量或者房价过高的问题。后一种现象在当前中国城市化发展状况下还不是很明显，但在英国等发达国家已经开始显现，英国国家公园内的住房价格超出当地平均水平约45%，给当地居民生活带来困扰[32]。

4.4.4 精神价值

人与自然之间的精神联系是风景区形成和变化的一个重要作用因素。在农耕文明时期体现的是关于敬畏、崇拜和祈求的情感关系，在工业文明时期体现的是科学保护、研究和教育的理性关系，在生态文明时期则会体现一种环境伦理关系。对于居住历史悠久的当地社区来说，风景区是居民的精神家园和内心归属，对这一精神需求的满足，可以表述为社区的一种精神价值。对具有宗教或民族等传统文化信仰的社区来说，风景区的各种自然环境事物在其文化语境中往往具有重要的象征意义，如特定的圣山、水神等。在当代，这一精神价值的内容有所变化，如传统情感关系的弱化和理性关系的注入，同时，风景区重要的国家级或者世界级知名度有可能给当地社区带来地区自豪感等新的精神内涵。

与其他价值相比，精神价值更难量化，但却可以通过社区居民的思想影响其行为模式，进而影响其他价值类型。

4.4.5 关系与特征

风景区社区各类需求之间存在密切关系。经济需求是基本需求，只有满足了能保障基本生活的经济需求之后，社区才有可能追求更高层面的环境、游憩和精神层面的目标；社区环境和精神需求对风景区资源的保护有积极意义，这两类价值可以促使社区更加珍惜风景区为其提供优质环境和精神家园的功能，从而在进行追求经济和游憩价值、实现生活功能等活动时注重环境影响，甚至作为风景区的守护卫士，积极参与风景区的保护管理工作。

将风景区社区作为价值主体进行考察有助于建立与风景区价值之间的联系。一个途径是考虑风景区社区与其他风景区价值主体之间的关系。一般认为，其他价值主体还包括游客、景区经营者、研究保护专家、各级地方政府，甚至更广泛的社会公众等。不同主体对风景区的诉求不同，必然导致彼此之间产生冲突和矛盾。从效用价值理论稀缺性角度，风景区由于是历史和大自然留给整个国家乃至全世界的宝贵珍稀财产，对最广泛的当代及未来社会公众需求的满足所产生的价值是核心，其他价值主体的需求均应当让位于这一需求。在上述前提下，社区、游客、经营者、研究专家、地方政府等价值主体的需求应当均衡考虑。然而，在上一章提到的种种社区现状表明，当这些需求之间产生矛盾时，社区往往处于较弱势的地位。

4.5　风景区社区价值关系分析

　　根据上文，以风景区社区为核心的价值分析体系分为社区作为价值客体和作为价值主体两个子体系（图4-1），分别体现风景区社区所具有的功能和需求。

　　在分别论述风景区社区价值的两个子体系时，探讨了不同价值类型之间的相互作用，说明子体系内部要素之间存在密切关联。在子体系之间，这种关联依然存在（图4-2）。

　　社区空间形态往往受居民生产和生活方式的共同影响，如自给自足的农耕生产方式易于形成小规模分散的居住形态，大规模的工业生产方式易于形成密集居住形态。居民生产与生活之间的不可分割性决定了社区经济需求和生活功能之间的密切联系。

　　社区研究价值是在漫长历史发展过程中逐渐形成的，其中不仅包括社区实现其生活功能过程中对物质空间的塑造作用，还

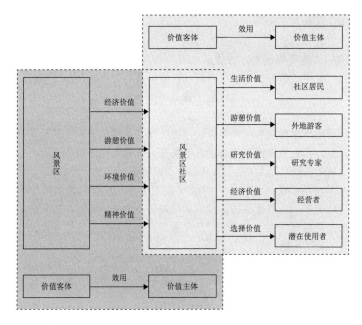

图4-1 风景区社区价值分析体系框架图

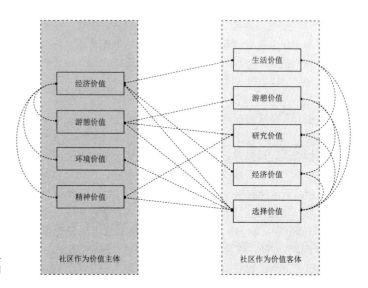

图 4-2 风景区社区价值要素相互关系示意图

包括社区满足其精神需求过程中所形成的丰富文化知识和民俗传统，而后者在物质空间塑造过程中同样起到重要作用。

当出现社区居民在其生活空间开展旅游经营的现象时，功能性和需求性的经济价值就产生了重叠现象，这在旅游服务类社区中已经非常普遍。

选择价值是一个综合的概念，可用于衡量整个风景区社区价值体系的可持续性。当体系中各价值类型均能实现均衡与和谐时，选择价值最大，意味着风景区社区具有可持续性。而现实状况下，往往由于过度关注社区的某类价值，造成对其他价值的损害甚至遗失，从而影响选择价值。

由于风景区社区的多样性，在我国的不同风景区，甚至不同社区，其价值体系所包含的价值类型、价值重要性以及不同类型之间的关联均存在差异，体现出各自的特点。

在具体的风景区社区规划实践中，当不同价值类型产生矛盾，或不同人群就某一政策或者措施产生意见分歧时，需要决策者进行价值的权衡与协调，从而做出合理的判断，并指导相关管理政策的实施。

本书在分析风景区社区价值时运用了边际效用价值理论的研究成果，该理论对社区价值的权衡依然有借鉴意义，但也有很大的局限性。

边际效用价值理论的借鉴意义体现在商品稀缺性和边际效用递减规律上。商品稀缺性是指当某一事物被认为越罕见越难得到时，获得它所带来的满足感越强烈，例如古董收藏家获得一件珍稀藏品时的强烈满足感；而边际效用递减规律带来的启示是，当我们对某物的需求最迫切时，该物对我们来说效用最大，例如人在饥饿状况下，一个面包的价值会比在饱足状态下的价值大[36]。由此可以说，客体对主体的效用决定了价值是否存在，而价值大小的对比可以通过如下两条规律实现：一是客体越稀有，价值越大；二是主体对客体的需求越大，价值越大，"雪中送炭"时的价值往往最大。

边际效用价值理论的局限性在于，理论中讨论的效用规律大多仅适用于价值主体的生理需求层面；理论主要采用微观经济学视角，以个人消费行为作为基本分析对象，研究主体是被剥离了社会历史文化背景的虚拟化个人；认为商品价格是价值的外在表现，因此衡量价值的途径是价格越高、价值越大。

首先，根据马斯洛的需求层次理论，人在生理、安全、社交、尊重和自我实现五个层级的需求是依次出现的，即人在满足了低一级的需求之后才会产生更高级的需求。由此引发的讨论是，不同等级的需求被满足所产生的价值是否具有可比性。根据前文所分析的社区价值体系，似乎只有部分生活价值和社区作为价值主体的经济价值属于满足居民生理需求的价值，其他价值类型都可被纳入更高层次的需求。那么，对于某自然资源来说，与满足当地居民的基本生活需求相比，风景区社区满足景区游客的游憩需求是否意味着更高级别的价值？在这一问题上，林左鸣认为边际效用价值论主要讨论人的生理需求，在人的心理需求领域边际效用递减的规律就会消失，他继而提出了虚拟价值的概念，用来描述满足当代人类各种心理需求的供给所产生的价值。[37]由于人的生理需求是有限的，而心理需求往往是无限的，或者是具有不确定性的。这就给当前社区规划确立社区居民的各项经济赔偿或补偿数量增加了难度，即居民似乎永不满足。

第二，风景区社区价值体系的公共性和社会性决定了评估工作不能脱离价值主体的社会历史文化背景。边际效用价值理论对不同价值主体之间的关系、价值主体的群体性和社会制度的影响力等内容研究较少。风景区社区价值评估不能缺乏对不同价值主体的比较和关系分析，其中价值主体的群体规模大小也要纳入考虑，可能需要回答如下问题：是否价值主体的群体规模越大，越应当重视该类型价值？是否某利益相关方的规模越大，在公共协商时的影响力越大，就越能控制决策结果？如何评估潜在使用者这一价值主体？此外，我国风景区所具有的公共物品属性决定了社会制度和公共政策能够极大影响价值主体的个人意愿和决策方式，因此评估应当采用更宏观的视角。

第三，仅通过价格难以全面体现所包含价值的高低。例如，按照效用价值理论，玉米资源被加工成玉米酒出售给一位开SUV的美国司机所获得的价格远远高于玉米资源被加工成玉米饼出售给一位急需喂饱其饥饿孩子的贫穷墨西哥母亲，因此前者体现了更高的玉米资源价值。这一结论从社会伦理的角度明显有失妥当[38-39]。

为弥补上述边际效用价值论的运用局限，需要引入环境伦理学的观念。风景区作为具有国家甚至世界重要意义的自然文化遗产资源，相关政策决策均应兼顾代际公平和代内公平原则。显而易见的是，不同价值主体不可能拥有完全一致的环境伦理观念。比如不能要求位于风景区尚处于贫困生活状况的居民与来自发达国家的环境保护专家拥有一致的价值取向，也不能简单判断谁的需求更具合理性。因此，对于需要权衡各方价值的政策制定和实施者来说，采用环境实用主义的观点似乎更有意义。由于政策出发点的多样性和抽象性，将会极大妨碍多个利益相关方达成一致和相互理解，并会产生参与者相互间的敌意和不信任。环境实用主义者认识到，就在参与者进行各种可能性争论时，现实世界中各种不规范的开发行为仍然在持续，只有在实际做了某件事情之后现实情况才会获得改观，而要做这件事的前提则是人们都同意去做[40]。因此，在价值分析阶段需要全面反映现实状况，体现现状价值观念的多样性与矛盾性。而在价值综合与政策决策阶段，则要从凝结共识的角度出发，选择各方都可以接受的实施方案。

4.6　风景区社区价值评估

风景区社区价值体系具有动态性。无论是社区自身还是各价值主体的观念，都会随着时间不断变化。同时价值体系中的选择价值包含了对未来潜在价值主体的预判，难以实现精准。因此对社区价值体系进行全面与及时的评估有助于准确把握各种变化和走向，增加规划决策的针对性和有效性。

风景区社区价值体系具有多元性。价值体系中所包含的多种价值之间存在密切联系和冲突，往往涉及多个价值主体之间的利益权衡问题。需要对不同类型价值进行横向比较，确定重要性和脆弱性高的价值类型，以指导未来决策。

在风景区规划中保护是核心议题，而保护政策往往是以削弱保护对象的某种功能或某方面价值为代价，从而提升另一方面功能或价值的行为，决策时应基于保护对象对不同人群的价值，来获得各方利益的平衡[33]。对于风景区社区规划来说，涉及各方利益冲突与协调的情况更加普遍，大部分涉及社区的决策都必然是妥协、协商和对话的结果，价值评估则为决策者提供认知辅助和决策依据。

4.6.1 相关研究

风景区社区价值体系的动态性和多元性增加了评估工作的难度，在这一问题上，经济学、人类学、环境学等学科领域已经开始进行相关的研究探索，并在文化遗产保护、自然资源保护等实践领域取得了一定的成果。下面将对各学科和实践领域已出现的价值评估技术方法进行综述。

1. 经济学领域

传统经济学的价值研究往往局限于进入市场参与交换的物品，而资源保护的对象具有公共物品属性，传统经济学的价值评估方法在资源保护领域的运用往往带来资源保护资金不足、过度顺应市场需求、在项目竞争中处于劣势等多种后果。如今，经济学领域已经发展出研究市场之外的经济价值变化的相关方法，在研究非市场价值评估领域已经产生了两个诺贝尔经济学奖，条件价值评估法已经开始运用于环境决策领域。

经济学研究在遗产保护领域的运用主要集中在如何将看不见摸不着的遗产价值通过可度量的经济价值体现出来。过去采用的方法是将维护费用看作遗产资源的经济价值，这种简单的做法往往存在估价过高或过低的问题。当前在文化遗产保护领域普遍采用消费者最大支付意愿（WTP）的途径进行经济价值评估。具体方法包括揭示偏好法和陈述偏好法两大类。前者主要包括经济影响研究（Economic Impact Studies）、内涵价格法（Hedonic Pricing Methods）、旅行成本法（Travel-cost Methods）、维护成本法（Maintenance-cost Methods）等，均是采用"代理市场"的概念，用"相关市场"的WTP揭示非市场产品的价值。但这类方法的局限在于不能评估选择价值和其他非使用价值，也不能用来预测价值变化的未来极限。后者主要包括条件评估法（CM）和选择模型（CV）。此类方法采用的是"假设市场"的概念，可以用于评估选择价值等非使用价值，是比较理想的价值评估方法。相比条件价值评估法中存在偏见影响、激励协调等方面的问题，选择模型因为问卷方式的柔和性减少了偏见的产生，同时该方法在处理多属性价值的时候存在优越性[41]。

2. 人类学领域

由于经济学评价方法多采用模式化、定量化的价值描述方式，难以完全表达资源丰富的价值内涵，其他人文社会学科的价值评估方法则提供了有力补充。这方面的方法多是以定性为主，为决策者提供丰富的背景资料。

Low提出了三大类可用于遗产价值评估的方法，分别为：民族志和观察法；支持者分析和人种语义学方法；美国国家公园管理局（NPS）所采用的快速民族志评价过程[42]。

民族志法和观察法是人类学常用的研究方法，通过采访、口述历史和观察等手段收集信息，并记录研究对象的文化特征，该方法往往在调查个体和小团体尺度时具有借鉴意义。

支持者分析法常被用于建筑和景观领域，是人类学家在与设计学院学生共同工作时形成的一种社会学研究方法，用于组织、收集和概念化与设计有关的社会数据（表4-4）。而人种语义学方法在保护村庄建筑和确立形式可变性方面具有重要意义。该方法在保护工程中的运用目的是，把地方价值转译为物质文化要素，以获得尊重和保护，可以用来解决在流行文化发展背景下日益突出的建筑历史专家和社会公众之间的观点分歧。

支持者分析主要步骤　　　　　　　　　　　　表4-4

步骤	名称	任务
1	问题形成	定义客户、问题说明
2	数据收集	定义支持者、需求和愿望评价、支持者冲突
3	编制计划	资料判读、资料应用
4	实体设计	概念设计、实体框架
5	评价	改变措施、意义解释

资料来源：翻译自参考文献[42]。

而美国NPS所采用的REAP对于遗产保护来说则是更为成熟和完整的方法，借用了美国西部原住民社区的人种学研究，该方法的优势在于：非常适合矛盾管理，帮助管理者寻找妥协的机会和有潜力的缓解措施；便于社区营造，创造机会进行公园管理者、地方邻里社区、文化团体之间的对话；可以在整个国家公园的资源项目中展示和保护当地社区的文化遗产。

3. 遗产保护领域

在文化遗产领域，保护专家逐步意识到价值评估的重要性和难度，开始考虑放弃在传统价值评估实践中的绝对统治地位，不再仅仅将价值评估看作一项专业技术工作，而将其视作理解遗产社会、文化、经济、地理、管理等方面背景和遗产自身的有效途径。因此致力于将不同学科的方法融贯于整个遗产价值评估过程，采用多元化与折中主义的价值评估方法，协调不同价值。同时，开始怀疑传统保护领域对经济价值采取完全否定或忽视的态度，重新认识经济价值对于遗产形成和遗产保护的重要性。认为尽管遗产价值本身是个整体，但在价值评估过程中区分经济价值和文化价值具有必要性，这是由于两者在认识论和研究方法上存在差异，进行分别的研究更具可操作性[43]。

文化价值评估的方法具有灵活性和包容性特点。尽管专家在价值评估时不再占据主导地位，但是来自不同学科背景的专家分析方法依然行之有效，如文献法、图像法、符号学方法等；上文提到的人类学方法也被广泛运用到文化价值评估中，其中参与式乡村评估（PRA）方法由于包含灵活的民族志和公共参与技术，常被用于了解传统文化、低文化水平人群的价值趋向和知识。该方法不仅期望收集信息数据，还可以直接授权非专家和无权力人士参与评估工作；此外还有其他方法如绘图、基础研究及撰写历史记叙文、二手文献研究、描述性统计等。

4. 自然保护领域

自然保护领域对于价值评估的研究比文化遗产领域更早，并且总是贯穿着价值伦理方面的讨论，即价值主体是只包括人还是也包括生态系统中的其他生物个体，从而增加了操作的难度。该领域也借鉴了很多经济学的价值评估方法，例如采用条件价值评估法评估个体市场偏好下的自然物品价值，通过询问利益相关者或调查对象愿意为提高一处特定环境产品的状态而支付的金额数量，例如改善某濒危物种的栖息地等。

Satterfield认为环境领域的价值评估应当考虑不同价值的

不同敏感属性，强调不同社会群体和专家在交流过程中的价值表述[6]。有多种途径可用于获取参与者的价值表述：主题理解测验法（TAT）通过要求参与者讲述一个故事获得信息，例如让研究对象尝试描述一张原始森林或被砍伐树林的照片里的一个人会想些什么；寻求开放式反馈法主要用于研究参加者潜意识中的情感投资和其价值表达之间的关联；询问主观问题法则要首先讲述一个政策困境，然后询问参加者该如何解决，并解释其对公正、平等、道德世界的看法。

在进行环境政策的社会影响评价时，往往运用结构式偏好的调研框架和路径调查方法，以建立价值研究与政策制定之间的联系。William Freudenburg在这一问题上提出了"三位一体的BRICOLEUR" ❶观点，其中的三位指的是运用二次研究技术、民族学田野调查技术、"差距与盲点"技术等，认为这些方法有助于填补知识空白，纠正研究者自身的偏见[44]。

❶ 该词为法语词汇，是指心灵手巧的人懂得灵活运用手头现有的工具进行工作。

5. 保护地领域

在保护地领域，很多国家和地区对其国家公园内的社区均进行了评价工作，在这里重点介绍英国、美国和中国的情况。

英国在国土范围内广泛进行景观评估工作，作为土地管理、景观保护、公众参与和解说教育的重要依据，其评估对象主要集中在物质空间要素，涉及视觉效果和历史两个方面。国家公园领域有代表性的工具有两个，分别为景观特征评估法（Landscape Character Assessment，LCA）和景观工具箱（Landscape Toolkit）。前一个方法属于专家主导式的评价，后一种属于当地居民主导式的评价。

景观特征评估主要根据研究范围的地质、地形、土壤、植物、土地使用、场地形式以及人类建筑等要素进行特征分类和分区，便于其后在不同区域分别制定管理政策。例如，在罗蒙湖与特罗萨克斯（Loch Lomand and Trossachs）国家公园的景观特征评价中，针对公园内的聚落进行了景观分类，分为传统高地聚落、传统低地聚落、新规划的高地/低地聚落和沿海村庄四种，分别描述不同聚落的关键特征及与更大范围景观特征的关系，最后考虑国家公园的住房和旅游发展对社区景观特征与周边景观风貌的影响[45]。

景观工具箱是位于苏格兰的凯恩戈姆山（Cairngorm）国家公园所进行的新评价尝试，评价广泛涉及规划者、咨询专家、决策者和公众所需要的景观信息，用于支持发展政策制定、土地管理决策和发展规划申请等有可能影响国家公园景观的过程。景观工具箱并未规定或者预先判断国家公园内的景观变化，而是从社会公众中获取信息，以更好地管理区域的人和景观，提高公园的特殊景观质量，提供获取共享知识的途径。具体到聚落的评估，主要提供影响聚居地景观的地质和自然特征的信息、历史和建成特征的信息，以及人们特别珍视的景观特征信息。评估主要包括四方面内容：进行聚落自然景观表述，捕捉形成场地特有景观和经验的地质和生物多样性要素，尤其是那些独特的要素；关于聚落历史发展的简洁描述，尤其是影响其场地特征和经验的方面；当地人最珍视的当地景观和事物；景观优先度和机遇[46]。

快速评估方法是依靠一个专家团队，通过一系列定性研究方法，快速了解当地系统各要素及其相互关系的过程。目前在发展中国家的乡村和农业发展项目中已经开始运用，由多学科专家团队参与，调查特定区域的社会经济状况、农业和资源管理状况等，时间通常少于一个月，甚至仅为一周。

而美国快速民族志评估法则是指一系列定性研究方法构成的方法库（表4-5），主要用于以项目开展为导向的研究，以便在短期内提供大量对规划有用的当地社会文化信息，以加强公园管理与当地居民之间的联系和相互理解[47]。

REAP常用定性研究方法   表4-5

方法	数据	研究成果	研究收获
物质遗存绘图	收集场地废旧物，场地侵蚀模式	夜间活动描述	认知不被观察的夜晚活动
行为地图	时间/空间地图	场地日常活动描述	认知文化活动
横断面路径	转录采访和询问的场地地图	从社区成员的观点描述场地	以社区为中心理解场地，地方层面意义
个体访谈	采访表	文化团体反馈描述	社区反馈和场地兴趣
专家访谈	深度采访记录	当地协会和社区领袖反馈描述	社区领袖对场地规划过程的兴趣
即兴团体访谈	会议记录	团体观点、教育的价值描述	团体性质的问题和矛盾

方法	数据	研究成果	研究收获
焦点团体	录音和转录	在小团体讨论中出现的问题讨论	引出文化团体之间的冲突和矛盾
参与观察	场地笔记	社会文化背景描述	为研究和认知社区关注点提供背景
历史和档案文件	剪报、图书和文章、阅读笔记	场地与周边社区关系的历史	为当前研究和规划过程提供历史背景

资料来源：翻译自参考文献[47]。

在数据分析阶段，首先需要采用多层次叠加的方式综合行为地图、物质遗存地图和参与观察笔记，通过上述描述性地图综合反映场地的各种活动和外部干扰；然后举办研究会议，每个项目参加者总结在采访中的发现，并据此寻找理论方法；最后将所有成果纳入一整套编码程序以分析场地。

在实际运用方面，费城独立国家历史公园（Independence National Historical Park）运用该方法认知公园利用的民族和文化代表性，纽约埃利斯岛（Ellis Island）则用来评估公园可进入性的多种方案，为确立遗产保护方法提供技术模型。两个运用案例都涉及定义利益相关者、社区和当地利用者，明确他们的文化价值，理解场地对不同团体的意义，令社区充分表达自己的观点等问题。

我国已有研究分散在自然资源管理、自然文化遗产、地域景观等多个领域，研究内容主要包括对国外或其他学科已有评估方法的介绍和尝试性案例运用。

在风景区领域，魏民在分析了风景资源价值的社会属性后，寻找市场之外的价值核算方法和平台，将风景资源价值按照表现形式分为实物资源价值和环境资源价值两大类。前者的价值核算借用土地、矿产、水、林业、生物、能源等资源管理部门的计量方法；后者进一步细分为直接利用价值、间接利用价值、选择价值、存在价值和遗产价值等，然后借用经济学的成本效益分析法进行价值核算[48]。吴承照试图建立风景区可持续管理体系框架，提出了社区可持续性评价的概念[49]。在自然保护区领域主要进行了参与式乡村评估的尝试性运用，取得了一定的成果[50]。在遗产保护领域，刘庆余等重点分析了遗产资源社会文化价值的评价方法，介绍了支付意愿法、条件价值评估法和旅行成本法[51]；张柔然综述了欧美国家对遗产地社会文化与自然价值和经济价值的评估方法和应用案例，提出了运用混合评估方法解决中国世界遗产价值复杂性的问题[52]。在文化遗产保护领域近年开始尝试采用条件价值评估法，但总体研究数量尚少，多为具体案例的初步尝试[53]。马勇等针对文化遗产的旅游资源构建了评估指标体系，并采用层次分析法探究各指标权重的计算公式[54]。此外，很多地域景观特征评价方法研究对评价风景区社区的审美和历史文化价值具有重要借鉴意义[55-56]。

4.6.2　社区价值评估指标

针对社区的各类型价值分别确立评估指标的意义在于，为进行价值横向比较和实时监测提供有效依据。当前具有借鉴意义的研究主要涉及可持续发展、社会影响评价、旅游发展评价、地域景观评价、宜居城市或社区评价等领域。

可持续发展指标是为响应可持续发展战略，以国家为单位制定的较为庞大的指标体系。例如，英国政府于2005年3月发布了"保卫未来——英国政府可持续发展战略"，作为1999年"更美好生活质量"战略的延续，并针对上述战略制定了可持续发展指标（SDIs）❶和衡量国家幸福（Measuring National Well-being）指标❷，用以监测战略实施的进展与效果。新西兰也制定了相应的指标以监测可持续发展战略的实施效果，主要包括新西兰统计局制定的可持续发展指标❸和环境署制定的国家环境指标❹。北京大学

---

❶ 可持续发展指标有68个，主要涵盖可持续消费和生产、气候变化和能源、保护自然资源并提升环境、创建可持续的社区和更公平的世界四个方面。目前英国环境、食品与乡村事务部（Defra）正在更新可持续发展指标，并于2012年7月24日～10月15日进行了广泛的公众咨询，同时环境审计委员会（EAC）也给出了建议报告。详见参考文献[57]。

❷ 由国家统计办公室(ONS)设立，为全面反映国家工作和居民生活状态。该指标体系分为经济、人和环境三个方面，经济细分为国家经济和个人经济；人细分为劳动力市场、教育、个人福利、健康、人际关系、管制和居住空间；环境细分为自然环境、空气质量和可再生能源。详见参考文献[58]。

❸ 可持续发展指标包括85个，其中认为有16个最有代表性，关键指标的选取主要考虑四个方面：每个人都有权通过资源的积累和利用满足其需要；每个人都有权公平分享或使用资源；通过最小影响环境的方法管理我们的资源生产和消费；不仅为当代也为未来一代保护环境、经济和社会资源（Statistics New Zealand, 2010）。

❹ 国家环境指标是一套由10个领域、22个指标构成的体系，10个领域分别是空气、大气、生物多样性、消费、能源、洁净水、土地、海洋、交通和废弃物。资料来源：http://www.mfe.govt.nz/environmental-reporting/about/tools-guidelines/indicators/。

的学者则针对我国世界文化遗产构建了可持续发展的评估体系，该体系的指标由遗产地基准价值、保护能力和发展水平三大部分组成[59]。

在社会影响评价领域，李强等针对移民搬迁等重大社会项目，根据调研经验提出了社会影响评价的指标体系，由人口与迁移、劳动与就业、生活设施与社会服务、文化遗产、居民心理与社会适应性五个大类构成，反映的是社区容易被外界因素影响的属性[60]。

由于社区价值体系涉及来访游客的游憩需求和带来的经济收益，旅游评估对社区游憩和经济价值指标的确立有借鉴意义。我国旅游可持续发展评价指标主要集中在经济、社会、环境和资源四个方面，其中对象为旅游景区的评价指标主要包括可进入性、交通条件、社区居民好客程度、设施与环境协调度等[61]；评价对象为乡村旅游的指标主要包括年旅游收入、年接待游客量、道路标识系统、信息咨询服务、餐饮住宿标准[62]。在旅游服务质量方面，我国的质量评价因子主要包括设施设备和服务管理两大类，包括旅游交通、游览、旅游安全、邮电服务、卫生、旅游购物、资源与环境保护、游客服务和综合管理等构成因子[63]。

此外，王云才将传统地域文化景观的评价指标分为地方性环境、地方性知识和地方性物质空间三个方面，并认为建筑与聚落、土地利用机理、水利用方式、群落文化和居住模式是核心要素[64]。郑童等根据宜居社区的已有研究成果和居民调查，确立了宜居社区的评价指标，包含住房条件、自然环境、生活便利、社会人文资源、邻里和睦、地方文化和社会治安七个方面[65]。李晓曼基于和谐社会的理念，针对多民族地区的经济社会和谐发展制定了评价指标体系，由经济发展、社会发展和资源环境保护3个大类，经济发展水平、经济发展质量、经济调控能力、经济发展潜力、科技教育、文体卫生、社会保障、城乡差距、人口结构、社会公正、生态质量、资源环境水平、生态保护和环境治理、资源重复利用水平14个二级指标，以及52个三级指标构成，并确立了各个指标的权重[66]。

已有研究虽然对风景区社区价值评估指标体系的建立有很大的借鉴意义，但由于涉及指标数量庞大、种类繁多，需要进行有针对性的筛选，筛选过程中指标的代表性、可获取性和可操作性是需要重点考虑的因素。根据已经分析的社区价值体系，本书针

对不同类型的价值提出了可能的评估指标（表4-6），下面将从功
能性价值指标和需求性价值指标两大类分别进行描述。需要指出
的是，本书所提出的各具体指标具有非排他性、可替代性和不确
定性，在具体评估工作中不必拘泥于某个别指标，可以根据现实
状况进行灵活的指标选取。

风景区社区价值评估指标

表4-6

大类	价值类型	可能指标	指标（亚类）
功能性价值	游憩价值	游客量	—
		游客满意度	环境氛围、物价水平、服务质量、交通可达性
	经济价值	游客人均消费	—
		商户营业额	酒店、参观、旅游纪念品店
	生活价值	常住人口数量	—
		住房状况	人均住房面积、房屋占有率、房价、租金
		交通出行	交通便利满意度、出行成本、通勤时间
		物价水平	水电费、煤气、通信费、商品物价
		设施配置	水电、厕所、邮政、交通、医疗、垃圾处理
	研究价值	景观特征	聚落选址、景观格局、聚落与建筑、土地利用机理、居住模式、景观风貌
		社会文化	传统生态知识、民风民俗、宗教文化
	选择价值	环境影响与可持续性	空气污染物、温室气体排放、视觉景观影响、污水处理、固废处理、可再生能源利用、可持续农业
		支付意愿	居民支付意愿、游客支付意愿
需求性价值	经济价值	就业率	劳动力市场、就业率、失业率
		就业方式	一、二、三产业就业比例
		人均收入	人均总收入、人均可支配收入
	精神价值	场所归属感	家园自豪感、象征与传说、禁忌
		社会资本	社会认同、信任关系、社交生活满意度
		对管理者的信任	信任度、满意度、选民投票率

大类	价值类型	可能指标	指标（亚类）
需求性价值	游憩价值	居民闲暇时间	游憩活动频率、游憩活动时间
		居民消费结构	可支配收入的消费构成
	环境价值	居民环境满意度	—
		环境质量等级	水、空气、噪声

1. 功能性价值指标

功能性价值指标具体包括能够反映风景区社区生活价值、游憩价值、研究价值、经济价值和选择价值的评价指标。

生活价值指标应充分体现社区居民衣食住行等基本需求的满足状况，以及居民在安全、健康、幸福等精神需求方面的满足。关键指标可能包括客观层面的人口数量、人均住房面积、住房租期、物价水平、基础设施完善度、交通便捷度、教育水平、犯罪率、平均寿命等，以及主观层面的居民总体生活满意度、主观幸福感、生活便利度等。

游憩价值指标主要体现社区满足游客游憩需求的状况，因此主要从游客的感知角度进行指标选取，包括游客数量和游客满意度，后者又可根据游客对交通可达性、物价水平、服务水平、社区氛围等方面的需求进行细分。

经济价值往往与游憩价值有着密切的关系，社区来访游客数量和社区的旅游消费状况可以直接体现经济价值，主要通过游客人均消费和相关商户营业额等指标体现。

社区的研究价值主要包括物质层面的地域性景观特征和非物质层面的社会文化两方面，前者往往包括聚落与建筑、土地利用机理、居住模式和景观风貌等指标，后者包括民风民俗和宗教文化等指标。

确立社区选择价值指标的难度在于，其反映的是社区未来潜在的需求和功能实现状况，这部分价值当前尚未显现出来。在经济学中往往通过条件价值评估或支付意愿等指标将其价值进行量化，即通过考察当地居民或游客有意愿为社区的保护和未来潜在使用支付的金钱数量反映。同时，社区资源利用的环境影响和可持续性也能侧面反映选择价值的高低。

2. 需求性价值指标

需求性价值具体包括能够反映风景区社区经济价值、精神价值、游憩价值和环境价值的指标。

经济价值的评估主要通过居民获得收入的方式和收支关系等指标反映，体现社区居民在当前和未来承担其基本生活需求的能力。关键指标包括劳动力市场、就业率、就业方式、人均收入、人均可支配收入等。

精神价值评估主要包括社区成员集体对风景区的精神依赖和集体归属感、社区成员之间的相互关系，以及社区成员与管理者的相互关系等。主要指标可能包括场所自豪感、社会网络关系、居民对政府或管理局的信任度、选民投票率、社交生活满意度等。

游憩价值主要反映社区居民当前在基本生产生活活动之外，从事其他放松休闲活动的状况和未来潜力，主要通过社区居民闲暇时间、游憩频率、可支配收入消费结构等指标体现。

环境价值与社区游客的满意度、社区的选择价值等具有密切的关系，主要反映风景区社区所处环境的质量状况和居民对环境的满意度。

4.6.3　社区价值评估方法

我国风景区社区是遗产保护、环境保护、旅游发展、社区发展等多种功能或利益高度集中的区域，价值评估要广泛吸收多学科的方法技术。应基于对社区价值体系的基本认知，针对不同价值类型和评价指标选用不同的评估方法，然后在不同价值之间进行横向比较和综合协调。本书试图建立一个风景区社区价值评估的工具箱，并在价值体系和评估工具箱之间建立对应关系，用于帮助实践者灵活选择合适的评估工具。

上述多学科评价方法的运用主要体现在，利用经济学方法评估市场价值和部分非市场价值；利用人类学方法评估部分文化价值、历史价值和审美价值；传统的专家评价法在评价历史文化价值和审美价值方面依然具有重要的地位，具体的方法也在不断发展。

本书综合了各学科和实践领域的已有价值评估方法，有针对性地构建了风景区社区价值评估工具箱（表4-7）。根据调查对象的不同，工具箱可以分为价值客体评价和价值主体评价两大类。价值客体评价是指由专家根据其掌握的专业知识，对价值客体有可能具有的价值进行分析，主要适用的价值类型为经济价值、环境价值、研究价值和选择价值；价值主体评价是通过对居民、游客等不同价值主体观点态度的分析，间接确立客体的某种类型价值，主要适用于生活价值、游憩价值、精神价值和经济价值等。上述分类方法只是为了便于更好把握繁多的评价工具，并不绝对，应根据现实状况灵活选择有效的方法。

风景区社区价值评估工具箱　　　　　　　　　表4-7

大类	方法	英文名称	学科	调查对象	较适合的价值类型
针对价值主体	内涵价格法	Hedonic Pricing Methods	经济	客体	经济价值
	维护成本法	Maintenance-cost Method	经济	客体	经济价值
	景观特征评估	LCA	景观	客体	研究价值
	绘图	Mapping	地理	客体	多种价值
	基础研究	Primary (Archival) Research	—	客体	多种价值
	撰写历史记叙文	Writing Historical Narratives	社会历史	客体	研究价值
	二手文献研究	Secondary Literature Search	社会	客体	研究价值
	描述性统计	Descriptive Statistics	社会	客体	生活价值、游憩价值
	专家分析法	Expert Analysis	—	客体	研究价值
	旅行成本法	Travel-cost Methods	经济	游客	经济价值
	条件价值评估法	CV (Contingent Valuation)	经济	游客、居民、潜在使用者	选择价值、研究价值
	选择模型	CM (Choice Models)	经济	游客、居民、潜在使用者	选择价值、研究价值
	民族志和观察法	Ethnographic and Observational Approaches	人类	居民	生活价值、精神价值、研究价值
	支持者分析	Constituency Analysis	人类	游客、居民、开发商	生活价值、游憩价值、经济价值
	人种语义学	Ethnosemantics	人类	居民	生活价值、精神价值、研究价值

大类	方法	英文名称	学科	调查对象	较适合的价值类型
针对价值主体	快速民族志评价	REAP	人类	居民	生活价值、精神价值、研究价值
	参与式乡村评估	PRA	社会	居民	生活价值、精神价值、研究价值
	主题理解测验	TAT	心理	居民、游客	生活价值、游憩价值
	开放式反馈	Open-ended Reactions	心理	居民、游客	生活价值、游憩价值
	询问主观问题	—	心理	居民、游客	生活价值、游憩价值
	结构式偏好与路径调查	Constructed Preferences and Pathway Surveys	心理	居民、游客	生活价值、游憩价值

尽管风景区社区位于自然文化资源保护和旅游发展的区域，但社区满足居民生产生活需求的功能是基本属性，在进行价值评估工具选择时，应侧重于针对价值主体尤其是社区居民的评价方法，以全面掌握居民对于风景区社区价值的认知现状。

分类价值评估最终将形成一系列有关风景区社区价值的陈述报告，为进一步的社区规划提供依据，而评价过程本身则有利于促进利益相关者之间的交流和市民团体对价值的重新认知，具有增进共识和解说教育的意义。

4.7 社区价值与风景区的关系

社区价值体系与风景区之间存在何种关系是风景区规划政策关注的焦点。

当今风景区规划主要关注社区对风景区造成的威胁。例如过度攫取社区经济价值会对风景区保护造成威胁，以最大化社区功能性经济价值为目标的无序旅游经营和过度设施建设，给风景区的环境保护造成压力，对景区视觉美景产生影响，在很多风景区甚至危及核心价值；居民在满足其经济需求时，如果采用了不当的资源利用方式，如开山采石、采集珍稀植物、狩猎等，则会给风景资源保护带来极大威胁；社区的生活价值也有可能威胁风景区价值，比如社区建设规模和建设风貌会对风景区资源保护和视觉景观产生影响，居民随意倾倒垃圾或使用污染能源等不当生活方式有可能对风景区环境产生影响。

然而，威胁关系只是社区与风景区价值关系的一种，还存在其他价值关系，能实现社区价值与风景区价值之间互不干扰甚至互相促进。例如社区研究价值是风景区价值的重要组成部分。风景区作为历史积淀深厚和人文内涵丰富的一类保护区，其内社区往往是重要的人文类风景资源。对于这类社区来说，应当保护其研究价值，并保证研究价值赖以形成和存在的社区其他功能和需求关系的实现，这对风景区保护来说至关重要。

社区的游憩功能是实现风景区游憩功能的重要支撑。相比在风景区内重新建设旅游服务设施，利用社区已有设施对风景区环境的影响较小，因此除了作为风景区人文风景资源游赏地，很多社区还承担了风景区旅游服务基地的功能。

社区的环境和精神需求所产生的价值有助于社区保护风景区资源。随着未来社区对风景区环境重要性的不断关注，地域自豪感和归属感的形成或加深，社区将会自觉承担起保护风景区的责任。

总之，可以用四类关系总结风景区社区价值对风景区价值产生的影响，按照对风景区价值贡献值由大到小依次为：构成关系、支持关系、相容关系和威胁关系。前两类关系可以强化风景区价值，相容关系不对风景区价值产生影响，威胁关系则减弱风景区价值（图4-3、图4-4）。

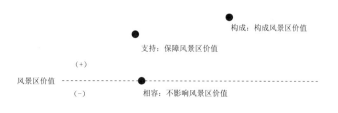

图4-3 风景区社区价值与风景区价值关系类型示意图

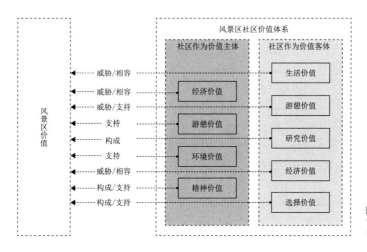

图 4-4 风景区社区价值体系与风景区关系示意图

4.8　小结

　　本章首先分析了以风景区社区为核心的价值体系。在综述当前遗产保护领域重视基于多学科的价值研究现象之后，以西方经济学中的边际效用价值理论为基础，抽象出认知风景区社区价值的基本框架，进而分析风景区社区价值体系。该体系将风景区社区分别置于价值的客体和主体两个位置，考察其功能和需求。在作为价值客体的考察中，认为针对不同的功能满足对象，社区具有生活、游憩、研究、经济和选择等价值；在作为价值主体的考察中，认为风景区需要满足社区在经济、游憩、环境和精神等方面的需求。在分析时，不同价值类型之间的比较和关联始终是研究重点，其中比较分析的理论基础以边际效用价值论的稀缺性和边际递减规律为主，关系分析则采用历史唯物主义的视角，对各类型价值之间、各价值主体之间、价值体系整体与风景区价值之间的关系进行了梳理。

　　随后，在操作层面研究了如何进行风景区社区的价值评估。基于已提出的社区价值体系，通过借鉴已有相关研究领域的成果和可操作性，构建了风景区社区价值的评估指标体系和价值评估工具箱，在进行具体价值评估时，可以根据不同价值类型的特征进行指标和工具的选择。

第5章

基于价值的风景区社区规划问题：
以台怀镇为例

　　当前风景区规划中的社区政策往往将社区与风景区价值间的威胁关系作为认知起点，忽视社区与风景区价值之间可能存在的构成、支持和相容关系。以消除威胁关系作为社区政策的主要目标，排除将威胁关系转化为其他正向关系的可能性。这种一味的"排除式"政策模式已经造成了很多风景区社区重要价值的遗失。此外，由于对社区需求性价值的忽视，大多风景区政策对社区发展的诉求考虑不足，从而引起社区社会矛盾的激化，继而影响风景区政策的有效实施。

　　本章以五台山风景区台怀镇社区及其当前规划政策为例，进一步说明在风景区社区规划实践中忽视社区多重价值所带来的问题。五台山是中国四大佛教圣地之一，具有历史悠久的佛教传承、丰富多样的文物遗存、雄浑绚丽的自然风光、幽雅怡人的清凉环境，是我国佛教文化保护与研究的重要场所[1]。2009年五台山作为"文化景观"被列入世界遗产名录，因为五台山完美地体现出自然景观与佛教文化的融合、凝结于自然风景中的宗教信仰，以及中国"天人合一"的哲学思想[2]。

　　第3章中曾提到中国风景区社区类型多样，因此规划问题的差异性也较大。而本章选择五台山台怀镇作为案例，首先是因为笔者以往在五台山具有实践经验，更容易获取所需的基础数据；此外，台怀镇在拥有丰富宗教文化内涵的同时，其旅游发展和设施建设程度均较高，社区生活、旅游经营与资源保护的矛盾突出，能够代表风景区中情况较复杂和严峻的那一类社区；而五台山拥有国家级风景区、国家级文物保护单位、世界遗产文化景观等诸多国家和世界级头衔，各项规划与管理受到国家和地方多个资源保护部门的共同关注，因此规划政策也能一定程度上反映我国当前风景区社区的普遍情况。综上，以台怀镇为例进行风景区社区规划问题的论述具有一定的典型性。

5.1　台怀镇基本状况

　　台怀镇是五台山风景区的核心游览区域，五台山寺庙建筑群密集分布于此，在镇区仅1123hm²范围内分布有24座国家级、省级、县级等不同保护级别的寺庙。

　　台怀镇隶属山西省忻州市五台县，镇区南北长约21km，东西宽约17km，总面积为189.2km²。由于地处五个台顶的中心地带，犹若被五台怀抱，故而得名。镇域范围内高山耸峙、沟谷幽深，地势由南向北逐渐增高。清水河发源于镇域北部，两源支流交汇于镇区，向南流出，沿途及其支流两岸分布着一些开阔地带，是村庄和寺庙的主要分布区。当地居民主要为汉族，也有少数民族，少数民族多为寺庙的僧人。在产业发展方面，历史上以第一产业所占比重最大，但由于地处山区，耕地极少，农耕条件恶劣，经济落后，交通闭塞。新中国成立后第三产业发展起来，发展速度逐渐加快。

台怀镇具有悠久的聚居历史。据记载，古代西北少数民族在此地居住，公元前541年即春秋鲁昭公元年，晋荀公在大卤（今太原）打败少数民族聚落，建立晋国，后逐渐向北拓宽领域。后来经历了历代建制变革或战乱。

镇区原址在梵仙山下清水河东岸，镇上仅有一条南北向大街，两旁排列有店铺。由于街道紧临河水，每当遇到洪水涨潮，居民生活往往受到很大影响。在1967年，台怀镇的居民全部搬到了河西岸。随着旅游发展，台怀镇区与杨林街、营坊街、杨柏峪、东庄村、鱼湾村等村庄连成一片，成为集寺庙、集市、民宅为一体的集镇。其中营坊街是台怀镇居民的主要住宅区，过去曾经是手工业集中区，以打制金银首饰，铸造佛爷、香炉为主，现在很多农民兴办起了家庭旅社[3]。

5.2　历史上的社区价值

根据风景区和世界遗产地的论述，佛教文化是五台山风景区的核心价值，而台怀镇密集分布的寺庙及其僧人是这一核心价值的集中体现，说明台怀镇的宗教类社区对风景区来说具有重要的研究价值，是风景区不可分割的一部分。除了宗教类社区，台怀镇其他普通社区是否也具有研究价值？与风景区的关系是怎样的？文章通过考察台怀镇居民和僧人、普通社区和宗教社区之间的关系来认知台怀镇普通社区的研究价值。主要从历史状态入手，同时以旅游发展和规划政策两条线索探讨价值变化。

通过对当地居民、管理者和专家的访谈，一般认为五台山地区先有村、后有寺。目前关于佛教最早传入五台山地区和最早创建寺庙的时间点有多种说法，其中流传较广的是东汉永平年间，此外较可信的说法还有东晋初期和北魏时期[3]。

历史状态❶下，五台山居民为佛教文化的孕育守住了一片净土，佛教文化则通过佛学思想和佛事活动反过来影响当地居民。

❶ 这里指的是原始社会到封建社会时期。

一方面促使居民进一步保护当地环境；另一方面促进当地经济、文化和社会发展，从而形成了和谐的良性循环。佛教寺庙与当地居民之间的和谐关系集中体现在文化、经济、社会和景观风貌四个方面。

5.2.1　文化联系

寺庙的佛教礼制传统一直熏陶着五台山附近地域尤其是忻州地区的民俗文化。当地居民大多形成了拜佛的日常习惯，广大农村历代均有寺庙建筑，其中，五台县的寺庙多达数百座，代县、原平、定襄、河曲、宁武等其他地区也分布有许多著名寺庙。具体到风景区范围，位于风景区范围内的金岗库村，即使其地理位置极为靠近台怀寺庙群，也依然在村内设有村庙和前广场，供村内百姓拜佛使用（图5-1）。此外，该地区的很多后移民村庄往往以佛教寺庙、佛教遗迹或者佛教传统命名，如佛光村、塔沟村、大插箭村等[4]。

长久以来，在五台山地区一直延续的法会和庙会活动给当地居民提供了文化休闲和商品交易的机会。从清乾隆年间古庙会演变而来的六月庙会吸引四方僧众、香客或其他游人在每年农历六月蜂拥而至。庙会期间，会有戏班在此地持续唱戏一个月，从而丰富了当地居民的文化生活。同时六月份的五台山地区牧草丰美，吸引了周围的牧民前来放牧，因而六月庙会又叫做"六月骡马大会"[3]。

图5-1　金岗库村村庙
（李屹华 摄）

佛教文化所传播的环境伦理观念也深深影响着当地居民。"诸恶莫做，众善奉行"的基本价值取向，"众生平等，万法皆有佛性"的道德衡量基础，"因果业报"的道德约束机制等都通过潜移默化的方式约束当地僧人和居民的日常行为，从而对当地自然生态环境起到很大的保护作用[5]。尤其是五台山特有的文殊菩萨道，宣扬用慈爱和怜悯施予一切有生命之物，这不仅集中体现了佛教文化的基本道德价值衡量准则，也包含了对人伦范围之外的自然生命的关爱，即将善与恶的基本价值取向从人与人之间的关系进一步扩展到人与自然之间的关系。

5.2.2　经济联系

佛教寺庙与当地居民之间的经济联系主要体现在寺庙出租土地给居民、僧人，与居民之间贸易往来，社区为云游僧人提供接待服务等方面。

历史上，五台山寺院经济的很大一部分是出租寺院所有土地给当地社区居民所获收益。寺庙拥有的土地往往来自历代帝王封赏和寺庙利用封赏钱财出资购买。五台山寺庙的土地主要分布在五台县、繁峙县、代县和河北省的阜平县。例如在1935年，拥有土地较多的台怀镇显通寺收租860石，菩萨顶收租1438石[3]。

同时，寺庙僧人在日常修行之余也从事开矿、种地、造林和经商等行业，并与当地居民进行频繁的贸易往来，由此产生经济联系。而五台山显赫的佛教地位会吸引远道而来的信徒前来朝拜或修行，当地社区在一定程度上发挥了接待功能，从中能够获得一定的经济收益。

此外，五台山是中国唯一青庙黄庙并存的佛教圣地，根据民国的文献记载，汉传佛教、藏传佛教僧人和当地居民还共同捐助当地教育事业[3]。

5.2.3　社会联系

僧民之间的社会联系主要体现在佛教信徒云游所引起的当地社区社会结构的改变。五台山的寺庙分为子孙庙和十方庙，前者僧众之间有着严格的师徒关系，寺庙住持实行家传制，外寺僧人不能在寺庙承担职务；后者则可以广纳四方僧众，其寺庙职事的确定一般通过寺内选贤的形式[3]。上述两种寺庙均能接待四方云游的僧人前来挂单修行，可以说五台山碧云寺等十方庙是最早为云游僧人提供"住宿接待服务"的场所。

　　由于寺庙的接待能力有限，或者个人的修行偏好，有的外来僧人或居士云游至此，也会选择在当地村庄借宿或租住居民住宅，以进行较长时间的修行活动，同时接受五台山地区特殊自然环境和佛教氛围的熏陶。直到现在，在普寿寺和七佛寺附近的东庄村内仍有很多外来僧众长期租住居民房屋清修，其中既有汉传佛教，也有藏传佛教僧人。这一定程度上改变了当地社区居民的社会结构。在传统村庄以血缘关系为纽带的宗族社会基础上，以宗教信仰为纽带的社会关系丰富了当地社区的社会结构。

5.2.4　景观风貌

　　佛教寺庙的选址既要满足僧众的生存需求，又要满足远离尘世的幽静需求。因此在景观风貌方面，五台山寺庙群、当地社区与自然环境完美融合，形成寺庙、农田、村庄与山林和谐共生的格局。

　　曾于1911年游览五台山的民国时期游人朱远峰在其《五台山记》中将台怀镇的景观风貌描写为"林峦四围，纵横屋舍"，镇区环境"山怀水抱，寺宇纷如"，视觉体验为"山光之缥缈"，听觉体验为"山水之清音"，内心感受则是"禅机渊然而静，悠然而廓处"。描绘出当时林地、村庄、山水、寺庙构成的"林峦四围""纵横屋舍""山怀水抱""寺宇纷如"的景观格局，以及视觉、听觉等多重感官体验[6]。

　　总之，历史上台怀镇的普通社区由于与宗教社区存在文化、经济、社会和景观风貌等多方面的联系，对五台山风景区核心价值的形成和保护起到了重要的促进和补充作用。

5.3　旅游发展下的社区价值

　　历史上五台山地区已经出现了小规模的游览活动，唐宋时期四方僧人、地方官员、普通群众频频到五台山朝拜、化缘、从事公务、游学和游览[7]。在前清时期，台怀镇曾经被当作皇家行宫，康熙、乾隆曾多次巡山，并来此处居住。同时，台怀作为当地的中心集镇，接纳过很多的游客和商人[8]。

　　最初的旅游接待活动是小规模、居民自发的行为。根据民国时期游人袁希涛的文献记载，台怀镇当时仅有二三十家商铺，贸易活动并不兴盛，位于寺庙附近的商铺主要与蒙古人做交易，经营蒙古人常用的木碗、铜器、佛像和念珠。而台怀镇区和附近村落的大部分居民依然通过在租用的土地上种田为生，从事商业经营的人寥寥无几[9]。

20世纪80年代以来，五台山旅游大发展，参与旅游经营的当地社区居民规模不断增加，台怀镇上开始出现大量的宾馆、饭店和商铺。位于镇区的居民普遍从事旅游商品售卖、旅游餐饮住宿、景区照相导游和租车等经营活动，收入水平也不断提升。而五台山成为国家级重点风景区后，台怀镇范围内普遍实施退耕还林政策，进一步促进了居民的旅游业转向。

另一方面，在新中国成立后五台山佛教寺庙的生活费用和寺院开支开始由国家供给，寺庙不再从事土地出租、农业、工业和商业活动。1983年旅游发展之后，很多寺庙开始售票参观，五台山门票收入达到每年约十八万，均由各个寺庙自行支配[3]。此外，普化寺还利用其寺庙房屋开办旅社，还有佛教信徒日常的财务施舍，这些都为佛教寺庙增加了收入。

由此可见，由于大量游客介入，以及经济利益的驱动，居民与僧人之间的经济关系被居民与游客、僧人与游客之间的经济关系冲淡，原来僧人与当地居民之间的土地出租和商业贸易往来关系变得非常薄弱。

在社会与文化联系方面，旅游的经济利益吸引了不少外地经商者和务工人员前来居住和工作，从而改变了原来居民宗族和佛教宗教为纽带的社会结构和社会关系；同时，随着与外界不断的文化交流活动，一方面扩大了五台山特有佛教文化的影响力，另一方面也改变了当地村庄原有佛教文化特征的典型性与突出性。

景观风貌方面，旅游发展需要不断增加建筑和旅游服务设施的建设规模和密度，改变了原有林地、村落、山水、寺庙构成的景观格局，而社区环境氛围也由"人声鼎沸"代替了原来的"悠然恬静"（图5-2）。

图 5-2 台怀镇镇区今昔对比（图片来源：左图引自：韩和平，王苗.五台山.香港：香港中国旅游出版社，1999：84-85；右图：赵智聪摄）

旅游发展使社区价值与风景区价值的关系也发生了变化，表现为威胁关系的出现与不断增强，主要源自社区生活、游憩和经济价值。

1. 社区生活价值

不断增长的居民人口数量和居民从事旅游服务经营等的需求，改变了原有的社区建设规模、建设密度和传统风貌，一方面降低了社区自身的研究价值，另一方面也对风景区核心价值保护构成威胁。通过台怀镇历年的人口统计（表5-1、图5-3）可以发现，尽管2008年的社区搬迁实现了人口削减，但搬迁后社区人口依然持续增长，到2012年已经恢复到搬迁之前的水平。

台怀镇历年人口统计数据   表5-1

年份	1993	1995	1997	2000	2002	2007	2008	2009	2010	2011	2012
总人口（人）	8146	8004	8159	8728	8766	8950	6841	7631	7538	7400	8300
总户数（户）	1861	1822	1822	2053	2057	1940	2034	2396	2450	2675	2880

资料来源：五台山风景区总体规划基础资料和忻州统计年鉴。

2. 社区游憩价值

在社区游憩价值方面，五台山风景区自1985年以来游客量持续增长，尤其是近7年速度加快（表5-2、图5-4、图5-5）。2013年五台山风景区仅国庆7天就累计接待中外游客达33.1万人次[10]。台怀镇是五台山风景区的核心景点，是游客必到之处，可见其游憩需求的规模之大和由此带来的经济发展潜力。

五台山风景区年游客量及门票收入统计表   表5-2

年份	1985	1990	2000	2002	2006	2007	2008	2009	2010	2011	2012
游客量（万人次）	42	52	75	100	247	334	281	321	321	359	406
门票收入（万元）	129	597	7000	—	12364	17859	20137	20077	20090	21673	20997

资料来源：根据五台山志、山西年鉴、山西省旅游局等资料整理。

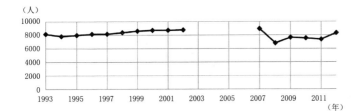

图 5-3 台怀镇历年人口数据变化分析图

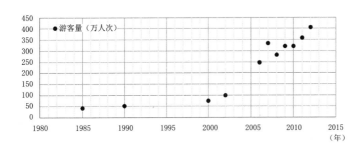

图 5-4 五台山风景区历年游客量统计图

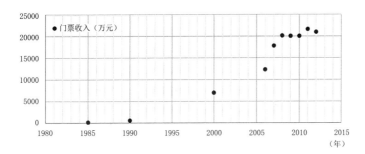

图 5-5 五台山风景区历年门票收入统计图

庞大的游憩需求和对经济价值的追逐使台怀镇在较短的时间建设了众多宾馆饭店，对风景区社区构成更大的威胁。同时镇区浓重的商业化活动很大程度上取代了原有的居住活动，极大改变了镇区原有的佛教景观氛围和游览体验，进一步影响风景区价值。

游客接待数量的增长仅反映游憩价值的一个方面，过多的游客还有可能影响游览体验，导致游览质量下降，进而损害社区游憩价值。例如2013年10月九寨沟风景区因游客过度拥挤导致滞留和争端事件❶；再如2001年华山景区内小范围汇集了6万余游客，导致上下华山的独行道发生人群拥挤踩踏，造成17人死亡、5人受伤[11]。

对台怀镇游憩价值的质量评估借助以游客为对象的各类问卷或者调查。根据相关点评类网站所收集的景区游客数据，在总共

❶ 资料来源：http://news.qq.com/a/20131003/000314.htm。

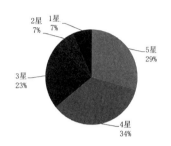

图5-6 五台山风景区
游客满意度统计图

75个点评中，5星评价有22个，4星有26个，3星有17个，2星有5个，1星有5个（图5-6）。其中给予差评（3星以下）的游客在具体描述中均提到了台怀镇景区的商业氛围、混乱秩序、门票和旅游物价高等问题❶。由此可见，对游憩价值所能带来经济价值的过度追逐已经开始反过来影响游憩价值自身的质量，这不单体现在门票、物价等方面，受利益驱使对社区物质空间的改造也带来不良影响。

3. 社区经济价值

根据五台山风景区总体规划，台怀镇核心景区旅游服务设施建设失控是风景区的主要威胁因素，表现为数量多、规模大、风貌不佳三个方面。这一现象主要源自对其背后经济利益的不断追逐。台怀镇居民在实施退耕还林政策之后，基本都加入旅游服务经营的行列，成为风景区的经营者，同时在台怀镇还有更多外来的开发经营者，他们往往利用所拥有的财力和权力，通过最大化社区的游憩功能获得经济收益。

随游客量而逐年增长的五台山景区门票收入可以直观反映台怀镇满足游客游憩需求所产生的巨大经济价值。2009年申遗前，五台县全年接待国内外游客318.4万人次，旅游经济收入16亿元❷。2011年则共接待国内外游客432.5万人次，旅游总收入30.1亿元❸。这部分价值中，门票收入由风景区管理局获得，其他旅游经营的收入则由各开发经营者以及周边地方政府等机构或个人获得。除了门票和其他旅游经营收入，景区及寺庙还接受政府拨款或社会援助。

总而言之，社区价值威胁风景区保护的主要根源是开发经营者对经济价值最大化的追逐：社区居民为增加收入不断在景区扩建住宅；景区的多种致富机会吸引大量外来人口，社区住房需求进一步增加；开发经营者为满足更多游憩需求而不断建设旅游服务设施；为尽量快和尽量多地获得经济收益，相关的建设活动均

❶ 资料来源: http://
www.dianping.com/
shop/2570791。

❷ 资料来源: 山西年
鉴（2010）。

❸ 资料来源: 山西年
鉴（2012）。

采用短周期、低成本的方式，导致建设风貌欠佳；为获得更多的游憩收入而不断突破游客容量的限制，社区成为熙熙攘攘的闹市……因而，要从根本上解决社区对风景区价值的威胁，需要设法改善当前一味追逐社区经济价值的现状，否则现有的搬迁和整治政策将难以达到消除威胁的效果。例如，当前台怀镇社区已经实施了第一期的社区搬迁，由于相关补偿并未引起当地社区经济需求满足方式的变化，居民依然需要在原址从事旅游经营活动，因此很多搬迁居民通过租用未搬迁居民的住房，依然在景区内居住。

5.4　规划政策下的社区价值

为申请成为世界遗产地，同时缓解旅游发展所带来的不良影响，五台山风景区管理局制定了台怀核心景区的社区搬迁和整治规划。规划的最终目标是实现核心景区内无社区、游客当天进出、在位于景区东南的金岗库游客服务区住宿❶。对搬迁过渡阶段风景区内的社区建设风貌进行统一整治。管理者还认为当前在寺庙或社区内的"挂单"❷行为会增加景区管理难度，同时身份不明的外来人口还有可能带来社会治安隐患。

社区搬迁政策着眼于社区价值对风景区造成的威胁，期望通过排除威胁关系的一个端头——社区来消除威胁，其结果必然殃及其他的正向关系。社区搬迁政策通过空间阻隔进一步弱化了寺庙与当地居民的关系。尽管部分已搬出风景区的居民因仍在景区从事旅游服务活动，还会在白天回到风景区，或短期租住尚未搬迁居民的住房，但与僧人之间的文化、经济和社会交流更为有限。未来社区居民将越来越少受到寺庙佛教文化的熏陶，两者的经济、文化和社会联系不断减弱。如果社区搬迁政策的目标实现，历史上由寺庙和村庄共同构成的景观格局风貌也将彻底消失。

对寺庙来说，社区搬迁可能大大影响其接受僧人前来挂单的能力，很多远道而来的信徒并不能承担长期居住在风景区高级酒店的费用，即使可以承担，其修行体验也与佛教幽静朴素的修行环境需求背道而驰，因此很可能无缘在五台山修行，这一定程度上与大乘佛教"普度众生、自利利他"的思想相违背。另一方面，没有居民居住的核心景区由于专门针对游客的旅游消费，物价极有可能进一步上涨，僧人的日常生活成本也不得不随之提高。

❶ 资料来源：根据五台山风景区管理人员访谈。

❷ 指从外地前来朝拜修行的僧人或居士在寺庙借住一段时间。

总之，尽管社区规划政策的初衷是修正旅游发展对传统"僧民关系"产生的不良影响，而事实是，实施直接"切除病灶"的"一刀切"搬迁政策，反而将传统的"僧民关系"置于更加危险的境地，台怀镇社区的研究价值进一步遭到破坏。此外，在制定台怀镇社区风貌整治政策时，由于缺乏对社区研究价值的认知，在搬迁过渡时期居民住宅被一律粉刷成了灰色，经营商铺的牌匾样式被统一为深红底黄字等，与社区原有建筑样式与环境氛围相去甚远。

5.5   台怀镇社区价值评估

5.5.1   研究价值评估

台怀镇社区研究价值的形成源自长久以来佛教僧人和当地居民的生产生活和文化交流，表现在物质空间形态、景观风貌和文化传统等方面。对研究价值的评估综合了英国景观特征评估和我国地域性景观特征评价的方法。特征（character）指的是景观中可识别的连续要素组合，这种组合可以使一处景观有别于他处，但不是比他处景观更好或者更坏[12]。特征要素则是指使某处社区不同于他处的一系列构成要素。风景区社区的研究价值往往体现在其具有的突出景观特征和代表的明显地域文化印记上。由于研究价值对应的价值主体是研究专家，因此，评估工作由研究专家为主导，并广泛纳入社区居民的认知和价值取向。

台怀镇社区的研究价值源自历史上社区生活、游憩和精神等需求的满足，因此价值评估的指标设置也基于上述考虑，将评价指标设置为社区自然背景、社区物质空间和社区社会文化三大类（表5-3）。

自然背景类指标主要考虑社区所处的自然条件特征、社区利用周边自然条件的方式，以及社区与自然环境之间形成的特殊关系。具体指标包括地质地貌、土地利用方式、景观格局等。

物质空间类指标主要指社区内部的各空间构成要素，包括社区总体空间结构、边界与入口、街巷与公共空间、水系、院落空间、建筑、名胜古迹等。

社会文化类指标主要考虑社区在漫长的历史发展过程中可能形成的特殊文化表征，包括民风民俗、语言、自然观念和场地认同感等。

台怀镇社区村庄价值评估指标体系❶

表5-3

要素	历史特征	现状特征	有无变化	变化原因
一、社区自然背景				
地理环境	位于山谷地、河流两岸地势较平坦的开阔地带	—	无	—
土地利用	以林地和牧草地为主，临近村庄的河谷地人为开垦少量耕地，分散分布	耕地变为林地	有	退耕还林政策
景观格局	林峦四围、纵横屋舍、山怀水抱、寺宇纷如的景观格局	村庄建筑格局变迁，河流水量减小，旅游带来气氛变化	有	旅游设施建设、游客数量增加
二、社区物质空间				
空间结构	形态规则、分布均匀的组团式居住模式	建筑密度加大，村庄规模扩张，很多组团连成一片	有	旅游设施建设
边界与入口	并无专门构筑物界定边界和入口	—	无	—
街巷与公共空间	街巷布局规整，为纵横网络；每村常设村庙，村庙前广场是主要公共空间	街巷空间与公共空间不断缩小或消失	有	旅游设施建设
水系	村庄内部无水系分布	—	无	—
院落空间	"合院式"规则矩形，房屋多沿街道方向或与街道方向垂直排布，院落多为相向的两排，也有的配有东西房，住宅四周的围墙以土夯成或以土坯垒之	"合院式"院落数量减少，多为排房，户与户之间以墙相隔，形成了一个个面积相等、高低一致、规模无异的小院落[13]	有	居民对居住空间的要求提升

❶ 台怀镇寺庙群作为佛教类社区的居住和修行空间，是社区研究价值评估工作的重要内容，当前关于五台山佛教建筑群的研究很多，无疑具有重要研究价值，本书在此不做赘述，仅针对村庄等社区类型进行评估。

续表

要素	历史特征	现状特征	有无变化	变化原因
建筑	多为土木结构，屋顶为硬山式，或平缓中见陡，以泥或白灰和之草穰或沙石抹顶或抹墙，窗户向内开设	建筑体量增大，多为砖木或砖混结构的楼板房，外墙统一刷漆或贴瓷砖，受现代化影响，出现铝合金门窗等元素	有	新技术成本低，耐久性强，刷墙是为创建卫生城镇
名胜古迹	白塔等佛教象征物	—	无	—

三、社区社会文化

社会结构	宗族血缘关系为纽带的社会结构，还有一部分云游居士。居民接受皈依的比例较大	增加了外来务工人员和游客	有	旅游发展的吸引力
人口规模	规模较小	规模较大	有	外来务工人员、游客、云游僧人居士
民风民俗	佛教世俗化的外在表现形式，如拜佛、参加庙会、家中供佛像等	—	无	—
自然观	五台山特有的"文殊菩萨道"是施予一切有生命者以慈爱和怜悯	观念有所单薄	有	文化变迁
场地归属感	五台山神圣象征意义的庇护和约束意义	五台山是世界遗产地、著名风景区和佛教圣地	有	文化变迁

　　由于社区是居民的生活空间，处在不断发展变化中，分析特征要素在不同时期的状态有助于认知景观特征的脆弱性和保存状况，可以分为历史和现状两个时期进行对比。历史状态是指社区在过去相对缓慢的历史发展过程中形成的特征；现状是指在当下社区生产生活状态下所呈现出的特征。

在此基础上，通过广泛的公众咨询和利益相关者参与，针对现状特征要素和组合进行重要性评估，判断研究价值是否存在及其保存状态。研究价值重要性的考察标准往往为该特征是否具有稀有性和典型性，以及保存状态是否真实完整。对于那些具有重要研究价值的特征要素，应将其列为保护对象进行相应的保护。

通过上述特征要素分析，在晋北地区地域文化和五台山佛教文化双重影响下，历史上台怀社区在自然背景、物质空间和社会文化等方面均有突出特征，具有历史、文化和审美方面的研究价值。当今社区景观格局和物质空间特征大都已经弱化，研究价值减弱。在社会文化方面的特征还有所保留，尤其是反映社区与佛教相互关系的那部分内容，具有典型性。因此，可以认为当今台怀镇社区的研究价值主要集中在社会文化方面，但这部分价值受物质空间、社会、经济、政策、文化等要素变迁的影响，也有弱化的趋势。

上面的评估可以进一步证明，由于忽视风景区社区的价值评估，台怀镇的旅游发展建设和社区搬迁政策已经极大破坏了社区的研究价值，而这部分价值其实是五台山风景区价值的重要组成，因而也影响了风景区价值的完整性保护。

总之，当前台怀镇社区构成五台山风景区价值的关系已经大大减弱，通过社会文化方面的交流，普通社区对宗教社区的支持关系还有保留，例如在东庄村依然存在僧人居住修行的活动，部分普通社区居民依然有日常拜佛习惯等。在未来制定相关社区规划政策时，应当考虑这部分价值的保护。

5.5.2　需求性价值评估

风景区规划中评估风景区社区需求价值的意义在于，一方面通过满足其合理的发展需求而获得社区对风景区保护管理的支持，另一方面通过引导对风景区保护具有正面作用的精神和环境等需求，促进社区对风景区的积极作用。

台怀镇社区研究价值评估得到的结论是，风景区内可以并应当保留部分社区，以支持和构成风景区总体价值的完整性。因而风景区社区规划应当考虑这部分社区的发展需求。除了考虑社区最基本的生活与经济需求，还包括游憩、精神和环境等方面的需求。

旅游业发展给当地社区生活带来的影响具有两面性。一方面，为促进旅游业发展而进行的各项基础设施建设增加了居民在购物、交通和通信等方面的生活便利度；另一方面，外来游客、务工人员和其他旅游经营者的涌入，改变了原有社区居住氛围，提升了当地的物价水平和交通出行的时间成本，从而对社区生活造成影响。

在社区经济需求方面，随着风景区知名度的扩大和游客量的增长，社区经济收入水平大幅度提升，台怀镇农民人均年收入为3400元，比周边的金岗库乡和石咀乡农民高出约1000元[14]。然而，社区收入绝对数量的增长并不直接反映经济需求满足程度的提升。在上一章曾提到，当人的生理需求得到满足之后，心理需求将占据主导地位。当前社区居民对其经济收入水平的心理预期不断提升，成为制约风景区社区问题解决的主要根源之一。

在社区游憩需求方面，历史记载的居民游憩活动具有较丰富的文化内涵。佛教僧人或居士的游憩与精神需求密切相连，游憩活动是其身心修行的重要组成部分；普通社区居民的游憩活动包括逛庙会、拜佛等佛事活动和农闲时的游览活动。由于当前台怀镇地区文化传统的衰落、经济发展阶段和认知水平的制约，普通居民的游憩需求较小。而对佛教僧人来说，仍然需要进行"朝台"❶等修行活动，这部分需求应当得到满足，在风景区规划中应对"朝台"路线或其他宗教修行活动进行保护。在社区精神需求方面，历史上五台山的自然环境特征在僧人居士和当地居民心目中有重要的象征意义，根据《文殊经》，"若人闻此五台山名，入五台山，取五台山石，踏五台山地，此人超四果圣人，为近无上菩提者"[15]。这种神圣感促使社区形成保护环境的思想，进而自觉采用不影响环境的生产生活方式；在文化变迁背景下，传统五台山的神圣形象在社区居民心目中有所弱化，而成为社区不断提高物质生活水平的资源攫取对象。

当前社区的环境方面需求尚不明显，但随着全球范围环境与资源危机，未来社区对周围环境质量将更加敏感，产生环境需求。由此可见，当前对风景区有正面意义的社区需求弱化，经济需求不断增长。如何引导风景区社区生活和经济需求的合理性，同时促进其维持和形成对风景区保护管理有利的需求内涵是风景区社区规划应考虑到的内容。

5.6　小结

本章以五台山台怀镇社区为例，论述了风景区社区价值体系

❶ 所谓"朝台"，是指在五台山地区特有的宗教朝拜方式，分为"大朝台"和"小朝台"两种。前者指佛教信徒需要徒步按照特定的路线依次途经五台山的五个台顶进行朝拜；后者指佛教信徒徒步往返黛螺顶，对其上的五方文殊菩萨进行朝拜。

对风景区和风景区社区规划的重要意义。管理者在制定风景区规划政策以处理威胁关系之前，应当首先对社区价值体系及其与风景区关系进行全面分析，并考虑如下的问题。

首先，对于风景区来说，风景区社区是否有必要存在？通过风景区社区价值评估，考察风景区社区是否具有研究价值，是否对风景区价值具有重要的构成和补充作用；考察是否某些社区价值能够支持风景区价值的保护。如果上述问题的答案是肯定的，尤其是社区的研究价值是风景区价值的重要组成部分，那么就应当慎重地制定社区政策，避免这部分价值受到破坏。

第二，明确是社区的哪类价值对风景区造成了威胁。当前风景区规划大都存有"社区是不良威胁"的既定观念，事实上，对于不同的社区来说，对风景区造成威胁的程度和要素往往具有差异，通过分析不同的社区价值类型及与风景区的关系，可以将威胁的来源进一步具体化，从而避免在规划政策中泛化地处理问题。

第三，威胁关系能否通过一定的手段转化为相容、支持等其他关系？已有的诸多实践经验显示，通过社区搬迁完全消除威胁关系意味着昂贵的实施成本和实施风险，制定这类政策应当在排除了其他更温和的转化威胁关系手段的前提下。这也意味着在前期价值评估阶段就应当首先考虑关系转化的可能性。

第四，对于需要继续存在的风景区社区来说，具有哪方面的发展需求？通过对风景区社区价值体系中需求性价值的评估，一方面应了解当前风景区社区的发展需求，以便在不影响风景区保护的前提下予以满足，以弱化社会矛盾和实现社区发展；另一方面还应考虑社区未来潜在的发展需求，尤其是精神和环境等能够对风景区保护产生积极作用的需求，通过规划政策进行合理引导，实现社区与风景区的相互促进。

总而言之，进行风景区社区多重价值识别的意义在于，改变当前规划实践中"一刀切"的政策制定模式，根据不同风景区社区的不同价值、不同关系制定有针对性的规划政策，同时关注社区发展的各项需求。

具体到操作步骤，在进行风景区社区价值评估时，应首先识别可能构成风景区价值的社区研究价值，以及其他具有支持关系的价值，从而确立风景区社区存在的必要性。然后，识别当前对风景区造成威胁的社区价值类型。在制定社区政策时，要首先考虑能否将威胁关系转化为相容关系或支持关系，在排除转化的可能性之后，再针对性地制定社区搬迁政策。这样能够有效规避潜在价值遗失和社区矛盾激化的问题。同时，对于存在社区的风景区来说，还应全面考虑与社区自身发展需求密切相关的社区生活、经济、游憩、环境和精神方面的价值。

在评价方法上，上述三个步骤分别涉及社区研究价值的评估，社区生活、游憩和经济价值的评估，以及社区需求性价值的评估，应灵活选用评价工具。本章台怀镇案例在论述相关社区价值时尝试运用了上一章社区评价工具箱中的基础研究、二手文献研究、描述性统计、景观特征评估和专家分析等方法。

第6章

基于价值的风景区
社区治理途径

　　上一章基于风景区社区价值体系讨论了当前风景区社区规划存在的问题，并提出了将社区价值评估纳入社区规划的建议，采用的是"价值体系—问题—规划体系"的正向推理逻辑。本章则从规划政策实施的治理途径出发，采用反向推理逻辑研究风景区社区规划。这里所说的反向，是相对于从价值体系到规划体系再到管理体系的一般规划实践顺序来说的。

　　研究过程首先从价值体系的不同价值主体出发，分析风景区社区的公共属性；随后通过具体分析当前主要的社区规划政策，研究其社区治理途径，并从资源配置变化的角度分析现有治理途径的有效性；接着从公共经济学角度探讨社区治理的理想途径及必要条件；最后，认识到现实状况下实现理想治理途径的制约，提出基于当前现状的社区治理替代途径，从而为制定风景区社区规划政策提供思路上的指导。

　　"治理"（governance）一词的英文原意是控制、指导或操作。在20世纪七八十年代，该词在各社会科学研究领域兴起，用于应对以往理论研究中采用简单二分法所带来的问题，作为经济学"等级制"与"交换制"、政治学"公治"与"私治"等非此即彼现状的批判和补充[1]。全球治理委员会认为治理是各种个人和机构管理公共事务诸多方式的总和[2]。在公共管理学领域，治理是指在某范围内运用公共权力维持秩序并管理社会公共事务的行为，与"统治"一词的不同在于，统治的实施者只能是政府，而治理的实施者有可能是其他机构或个人[3]。

6.1　从价值到治理：风景区社区的公共属性

6.1.1　风景区的公共属性

　　制度经济学认为，当某物品不具有排他性（excludable）或竞争性（rival）时，就不是市场性物品，而是属于带有公共属性的物品。根据是否排他或是否有竞争性，可以进一步分为开放物品、准市场性物品和纯公共物品三类（表6-1）。

不同的财产属性　　　　　　　　　　　　　　　　　　　　表6-1

	排他性	非排他性
竞争性	市场性物品 （market good）	开放物品 （open access）

续表

	排他性	非排他性
非竞争性	准市场性物品 （inefficient market good）	纯公共物品 （pure public good）
非竞争性	拥挤性公共物品 （congestible public good）	俱乐部物品 （club good）

资料来源：引自参考文献[31]。

对以保护国家乃至世界珍贵自然文化遗产为目标的风景区来说，毫无疑问具有公共属性，但具体属于上述哪种性质的财产，国内不同的研究者有不同的观点。有的学者认为国家级重点风景区是典型的公共资源（即纯公共物品），具有非排他性和非竞争性[4-5]；也有的学者认为风景区由于具有封闭性并且可以通过门票等形成价格，因此不是典型的公共资源[6-7]；王云龙认为依托自然文化遗产资源进行的开发由于具有排他性，因此属于介于公共物品和私人物品之间的"准公共物品"[8]。

上述学者的观点看似不一致，但其实并不矛盾，他们对风景区公共属性的分析是从不同价值主体角度出发的。例如对于研究专家来说，对风景区内自然和文化资源的研究需求既不具有排他性，也不具有竞争性，在这一条件下风景区属于纯公共物品；由于风景区内可游面积是有限的，游客在风景区内的游赏行为具有竞争性；对于风景区内从事旅游经营的从业者来说，其获取的特许经营权具有排他性等。因此，对风景区公共属性的分析应当从不同价值主体的角度出发。

同时，公共政策的实施会对公共属性带来直接的影响，如有可能使纯公共物品转化为市场物品，这一方面最直观的例子是对一片公共树林制定特许狩猎政策后，森林狩猎就由原来非排他性转变为具有排他性的物品。因此，风景区有关政策的制定和实施使得其公共属性处于不断的动态变化中，而由于风景区还有部分市场属性，因此市场往往会在政策实施过程中起作用，有可能使资源配置方向偏离原来的初衷，产生偏差，影响政策有效性。

6.1.2　社区公共属性分析

与风景区类似，风景区社区的公共属性也根据价值主体的不同而不同，并在政策与市场的共同作用下，各项资源配置发生变化。因此，在分析风景区社区治理现状之前，首先需要从不同价值主体出发讨论当前风景区社区的公共属性。

上文已经提到，对研究专家来说风景区社区是纯公共物品。由于并未在真正意义上采取行动，对于潜在使用对象来说，风景区社区只要存在于某处就已经实现了选择价值，因此风景区社区也是纯公共物品。而对于风景区游客、经营者、社区居民来说，风景区社区作为一类稀缺资源，在当前的发展状况下，资源的排他性或竞争性状况较为复杂，下面将分别进行讨论。

在讨论之前，还有必要引入"拥挤效用"（congestible）的概念，这一概念用来描述一类特殊的原本不具有竞争性的物品，当其被太多人使用的时候就会严重降低该物品或者服务的质量。例如一处公共海滩，当使用者较少的时候并不具有竞争性，人人都可以使用，但当使用者数量上升到一定水平时，在拥挤状况下海滩的使用体验则大大下降，即此时就具有了竞争性。这类物品被认为具有非竞争性和拥挤性，也可以认为其在低水平使用时具有非竞争性，在高水平使用时具有竞争性。

从风景区游客的角度，门票制度的设立实际上为风景区游憩价值的实现设立了一个门槛。这一状况可以通过经济学中"俱乐部物品"的概念加以解释。俱乐部物品的特点是在特定成员内部没有排他性，而对于非俱乐部成员来说则是排他的。游客通过支付门票的行为将未支付门票游客排除在使用范围以外，使风景区用于游憩的效用具有了排他性。在俱乐部成员（此处即游客）数量较小的时候，游憩行为不具有竞争性。但随着成员数量的不断上涨，"拥挤效应"发挥作用，竞争性产生。当前我国很多风景区❶已经出现上述具有"拥挤效用"的"俱乐部物品"的特征，具有很强的市场属性。而这一状况同样也适用于风景区社区。

从风景区经营者的角度，特许经营制度的设立使其在景区内经营活动具有排他性，同时服务对象（即游客）的需求有限，对游客需求的满足具有竞争性，因此风景区的经济价值应当属于市场性物品。

从风景区社区居民的角度讨论风景区和风景区社区公共属性的研究较少。根据本书已建立的价值体系框架，风景区和风景区社区有可能满足社区居民在生活、经济、游憩、环境和精神等五个方面的需求。

在竞争性方面，由于当前风景区社区生活空间变得越来越紧

❶ 例如2013年"十一黄金周"期间，九寨沟出现的游客过度拥挤现象。

张，因此类似对某一处房屋的居住占用等居民生活层面的需求具有明显的竞争性。而对于经济需求来说，如果排除参与风景区经营的居民（这部分居民可以作为经营者来考虑），其他居民多在风景区内从事农耕畜牧业、林业或者旅游服务业，风景区资源对他们来说依然具有竞争性，例如对景区内森林资源的获取或者有限的旅游服务工作岗位的获取等。与前两个需求相比，风景区资源满足当地社区游憩、环境和精神需求的能力还有很大的余地，可以认为其不具有竞争性，但如果未来社区居民数量持续高涨，则将不得不考虑游憩和环境方面的拥挤效应问题。

在排他性方面，对于社区居民来说，风景区资源具有俱乐部物品性质。与游客通过支付门票加入俱乐部的状况不同，风景区社区的俱乐部准入是通过我国的户籍制度实现的，一般来说居民的户籍所在地位于风景区范围以内的才算作风景区社区原居民。这部分社区居民往往在风景区具有较长的居住历史和共同的文化基础，在生活、经济、游憩和精神等方面有着相似的需求。另一方面，随着风景区旅游服务业和其他经营活动的不断发展，吸引了大量外来务工人员在风景区居住和工作，尽管其户籍不在风景区，但依然享受到风景区提供的生活和经济利益，对这一特殊居民团体来说，风景区则不再具有典型的排他性。

由上面的一系列分析可以发现，风景区社区的公共属性具有多样性和动态性特征，具体受价值主体、公共政策和市场等多个变量的影响。与风景区游客和居民有关的价值类型大多具有俱乐部特征和拥挤效应，既不是纯粹的市场性物品，也不是纯粹的公共性物品，而是在四个象限之间进行动态变化，变化的动力主要来自市场供需关系的调整和相关制度政策的实施，最终呈现出特定的资源配置方式（图6-1）。

风景区社区既不是纯公共物品，也不是市场性物品，而是具有多样性与动态性的准公共物品。其资源配置的理想状态可以通过以下三个指标来衡量。首先，由于风景区整体具有国家乃至世界范围内突出的普适的重要性，是重要的自然和文化遗产，当代人有责任将其继续传递给后代，因此其内社区的资源配置应当将可持续性作为一个重要的衡量标准；而可持续性标准进一步包含不同世代人类之间拥有同等享受资源权利的含义，即公平性，这一标准同时也应适用于同一时代不同价值主体之间共享资源的权利；最后，由于社区具有市场性成分，其资源配置的有效性作为衡量机制运作状况是否良好的重要标准也应纳入理想状态。因

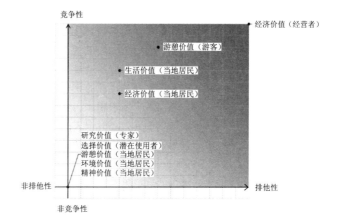

图 6-1 不同类型社区
价值的公共属性分析
（概念模型）❶

❶ 括号内表示该类价
值的价值主体，对于
参与社区旅游经营的
当地居民来说，可以
认为也属于"经营者"
类价值主体。

此，可持续性、公平性和有效性应当作为判断风景区社区资源配置是否理想的三个衡量标准。

对于具有排他性和竞争性的市场性物品来说，市场能够及时、准确而又灵活地根据供需关系变化进行资源配置的调整，从而实现经济价值最大化的目标，其外部操作成本也较低。但上述市场治理途径对于经济价值最大化的追求并不符合可持续性和公平性要求。由于风景区社区具有不同程度和特征的公共属性，在很多情况下并没有允许市场进行灵活变动的余地，例如在保护濒危物种或提供重要的生态系统服务功能的时候。因此，往往还要通过层级治理的途径以实现合理的资源配置。层级治理途径是指管理公共资源时，为实现资源配置的公平性所采用的一系列自上而下的外部控制手段。在影响风景区社区公共属性的诸多变量中，风景区总体规划政策作为一种政府控制手段影响资源如何进行配置，但由于社区的经济发展需求，以及社区与旅游业的密切关系，在规划政策具体实施的过程中又会受到市场的影响[9]。由此可知，我国风景区社区治理途径至少包含层级治理与市场治理两种。

6.2　风景区社区治理现有途径

风景区社区是我国一类特殊的基层社区，在风景区管理政策和旅游发展的影响下，社区治理与普通社区相比，既有共性，也有自身特点。

目前，我国普通基层社区治理分乡村和城市两种不同的情况。金太军将我国20世纪80年代以来的乡村基层治理权力结构分为三个层级，即国家、体制内精英和居民，其中居民又可以分为体制外精英和普通居民两大类[3]。村民委员会是体制内精英的重要组成，该制度的设立改变了原有的公社制乡村基层治理模式，开始尝试村民自治的途径。尽管城市基层社区在20世纪50年代已经建立了居民委员会这一群众性自治组织，但当时单位制的基层组织模式决定了其仍然是层级治理。在经历了政企分开的经济体制改革之后，市场治理途径发挥的作用加大，为了解决国家层级治理权力减弱所带来的治理空缺，21世纪初的城市社区建设意味着居民自治的开始[10]。

由此可知，当前我国基层社区治理涉及三种途径：层级治理、市场治理和群众性自治。有学者在研究乡村或城市基层的治理途径时认为，当前的群众性自治多为过去"能人治理"模式的延续，存在自治行政压力较大和成员的参与性不足等问题[10-11]。

对位于风景区内的基层社区来说，风景区总体规划作为一类公共政策，直接反映了规划编制委托方和实施主体即风景区管理局的价值观念[12]。而风景区管理局是代表国家对风景区实行管理的机构，并不属于社区价值体系中的任何一个价值主体，而是反映其所代表的各级地方政府、相关行业部门乃至国家的价值取向。作为风景区规划的主要内容，社区规划政策的实施也充分体现了层级治理途径的特点，即自上而下的强制性。同时，由于很多规划政策涉及社区经济发展方面的问题，并且很大程度上依赖风景区的旅游发展这一市场性较强的手段，政策实施过程中不可避免会受到市场治理途径的影响。因此风景区社区规划政策采用的是一种依靠市场的层级治理手段。通过对具体社区政策的分析可以进一步说明。

6.2.1　现有治理政策分析

根据笔者第3章对22个国家级重点风景区总体规划文件的考察，当前风景区社区规划中最常采用的管理政策主要包括社区搬迁、退耕还林、社区风貌整治和社区就业等。上一章基于价值的社区问题分析显示，当前主要社区政策均着眼于消除社区某方面价值对风景区价值的威胁关系，重点调整社区在实现生活和游憩功能时的资源配置方向。下面将通过具体分析这些主要的社区规划政策，阐述风景区社区当前治理途径的实施效果。在分析的过程中，资源配置的可持续性、公平性和有效性，不同价值主体之间的利益协调，以及各个价值类型的关系均衡是衡量政策合理性的主要标准。

1. 社区搬迁政策

目前我国大多数风景区总体规划都涉及社区搬迁政策。我国在风景区和自然保护区等自然保护地奉行控制常住人口的总体思路。根据《规划规范》，风景区应防止两种情况，一是"因人口过多或不适当集聚而不利于生态与环境"，二是"因人口过少或不适当分散而不利于管理与效益"。在此基础上提出严格控制人口规模、对居民点进行调控的规划对策。

一般来说，搬迁对象主要是位于高山区等生活环境恶劣区和核心景区的社区居民。以五台山风景区为例，总体规划要求搬迁37个行政村和6个自然村，共计5849人。根据搬迁的出发点不同可大致分为扶贫式搬迁和整治式搬迁两种。

扶贫式搬迁是由于我国很多风景区都位于海拔较高、坡度较大的山地，这部分土地资源用作农业生产的质量不高，但却往往具有很高的风景资源价值。对那些居住于此而又远离风景区主要游线或门户的社区居民来说，其传统的农业生产活动既容易引起水土流失，又难以获得相当的农业收入，其区位也不具备开展旅游产业活动的条件。因此，将此类社区居民进行搬迁，既是风景资源保护管理者的期望，也符合当地居民提升自身生活水平的诉求。

整治式搬迁是因为风景区社区规模不断增长以及"城镇化""商业化"建设风貌严重威胁风景资源保护。随着旅游业在风景区的不断发展，地处风景区门户区或者核心景区的当地社区成为相关企业和个人开展旅游经营活动的主要场所，经济利益吸引下社区人口规模急剧增长，建筑体量和建设密度不断增大，从而给风景区环境资源和视觉景观保护带来极大压力，社区搬迁则是为缓解这一压力采取的一种政策手段。

（1）法律保障

我国还没有针对性的法律法规对风景区社区搬迁政策及实施过程加以保障。目前风景区的立法主要侧重风景资源的保护、利用和管理，较少关注搬迁相关的财产权属与利益补偿等方面的内容。《条例》仅规定了风景区内自然资源和房屋等财产所有权人、使用权人的合法权益受到法律保护。因设立风景区而产生上述权益损失时应当依法给予补偿，也就是说，法律仅规定了风景区设立时期引起的权利纷争，对于社区搬迁政策实施过程所引起的权益损失，以及具体谁补偿、补偿标准是多少等都没有相关规定[13]。

在其他领域，可参照的法律法规主要包括由水库等大型基础设施建设所引起的移民搬迁，具体政策包括《大中型水利水电工程建设征地补偿和移民安置条例》和《长江三峡工程建设移民条例》。此外，国家针对生态类型的移民搬迁还制定了《易地扶贫搬迁（生态移民）试点工程规划》和相应的五年规划，如《易地扶贫搬迁"十二五"规划》。最后，还有《国有土地上房屋征收与补偿条例》等相关的法规条例。但由于风景区内的社区搬迁在搬迁目的、搬迁规模和实施成效等方面与国家其他重大移民工程存在较大差异，因此上述法律法规的参考性不大。由于社区搬迁在实施方法和补偿机制等问题上缺乏法律依据与效力，现实状况下往往由风景区管理局出面与政策所涉及的社区居民进行协商，双方就移民安置、补偿资金、就业安置等方面情况达成一致后签署协议予以实施。与在风景区内的既有生活经济状况相比，社区居民搬迁后的生活工作状态将面临很大的变动和未知性，因此居民对补偿的期望值往往较高，而国家移民政策和景管理局能够给予的补偿条件难以令其满意，因此，搬迁政策要么难以开展，要么在采取一定的强制手段之后产生了严重的社会矛盾和遗留问题。

（2）实施过程

由于当前风景区社区过度建设问题普遍威胁风景区的保护，现阶段在风景区内实行一定程度的居民搬迁有其必要性，但其具体操作过程需要经过严密的论证、谨慎的操作和持续的后期监测，否则容易产生较大的负面影响。风景区在保护维持珍贵风景资源的同时，也是当地居民祖祖辈辈生产生活的地方，不管是出于扶贫还是整治的目的，都不可避免地会给居民的生活造成翻天覆地的变化，因此当地居民对搬迁政策的反应往往是负面的，或者阻挠政策实施，或者搬迁后出现一些遗留问题。

首先，缺乏充分沟通的搬迁政策难以得到当地居民的理解，采取强制手段容易引发社会矛盾，政策进展不下去。例如，2010年云南石林风景区43户原住民状告县政府强制其整体搬离风景区[●]；广东凌霄岩风景区扩建工程在征地补偿方面与当地居民存在分歧，更是引发了施工队员打伤村民的恶性事件[14]。

其次，搬迁政策在实施之后对已经搬迁居民的再就业、社会关系重构等问题缺乏妥善的考虑与安排，导致搬迁居民的日常生活难以为继。例如，崂山风景区中凉泉村的农民在搬迁到山下城

● 资料来源：http://society.yunnan.cn/html/2010-05/18/content_1184856.htm。

镇居住后，由于在新的生活环境中始终没有合适的就业机会，一到农忙季节就回到山上耕种并居住，形成秋冬山下住、春夏山上住的"候鸟式"生活方式[15]。

（3）政策分析

从资源配置的角度，由于风景区资源的稀缺性，其满足不同价值主体需求的总配额是一定的，用于一类价值主体配额的增加必然导致在另一类价值主体的配额减少。例如某片森林的树木既可以用作生产原料作为当地居民经济收入的来源，也可以为更广范围内的居民提供生态服务，但森林资源的总量是有限的，其在上述两个领域的配额是此消彼长的关系。因此需要通过合理确立配额使其最终达到可持续性、公平性和有效性。这一情况也同样适用于风景区社区。社区搬迁政策实质就是通过一定治理手段减少风景区资源流向社区居民这一价值主体的配额，而向其他价值主体偏移。

根据风景区社区搬迁政策的相关阐述，社区搬迁的初衷是希望将原本用于社区生活的资源分配给公共属性较强的价值主体，即潜在使用者和研究专家，满足其在生态服务、研究和未来使用等方面的需求。这一资源流动意味着潜在使用者、研究专家等社会公众获得利益而社区居民丧失利益，社区居民应当从中获得等价补偿。由于获得利益的价值主体具有非排他性和非竞争性，在占有利益的过程中，极易出现"搭便车"行为，故需要国家这一公众利益的"代理人"通过"税收"等形式强制社会公众付费，即通过国家财政补贴当地居民的既失利益[16]。

然而现实状况是当地居民丧失的利益远远大于国家政府能够支付的补偿，双方难以达成协议，导致搬迁政策进展缓慢。为解决这一问题，推动搬迁政策的实施，风景区管理局作为国家政府的"代表"，很多时候需要承担大部分补偿责任。自从国家停止对管理局进行财政拨款后，管理局所获得的管理费用往往来自实现风景区游憩价值过程所产生的经济利益，实际为社区搬迁买单的是风景区游客，即资源的流动方向是从当地社区转向景区游客而不是社会公众。通过前面的分析，在当前游客压力已经普遍较大的状况下，风景区的游憩价值已经具有了市场性物品的性质，所以社区搬迁政策违背了资源向公共属性方向配置的初衷，反而最终向市场属性方向配置。

从价值的角度，社区搬迁政策为解决社区生活价值威胁风景区的问题，采用了牺牲部分社区生活价值的途径，但由于政策实施资金过度依靠旅游经营，即依靠实现社区游憩功能来获得经济收益，无形中强化了在当前已经严重威胁到风景区的另一类社区价值，即社区实现游憩功能所产生的价值。因此，在位于风景区核心景区或门户景区的社区搬迁之后，原有的社区用地转化为了包含大型停车场、酒店、旅游服务品商店等的旅游服务用地，以进一步满足外地游客的游憩需求，获得经济收入。对于风景区来说，这种转化并未消除原有的威胁关系，反而在一定程度上是一种关系的恶化。

2. 退耕还林政策

制定退耕还林政策是由于我国风景区多为山地，大部分风景区内耕地的总体数量较少，质量不高，农牧业生产的资源利用效率较低，并且可能会对敏感的风景区自然环境带来不良影响。政策的具体实施区域主要包括风景游赏区、海拔较高和坡度较大的山区等。有一部分退耕还林政策是与社区的扶贫式搬迁相结合，但也有很多不搬迁的社区实施了退耕还林，本书主要讨论后一种情况。

（1）法律保障

尽管我国风景区规划普遍制定了退耕还林的政策，但在《条例》和《规划规范》中均没有相关规定。国家通行的退耕还林政策的法律依据是国务院2002年颁布实施的《退耕还林条例》和2007年颁布的《关于完善退耕还林政策的通知》等。根据《退耕还林条例》，风景区内的退耕还林政策应当属于第三类情况，即生态地位重要、粮食产量低而不稳的情况。国家层面推行的退耕还林与风景区内施行的退耕还林在实施依据、退耕土地转化、退耕者补偿和就业等方面差别较大。

国家的退耕还林政策实施过程是由国务院、省、自治区、直辖市、县（市）、县级等各级人民政府的林业行政主管部门采取自上而下逐级分配任务的方式，最终落实到具体地块和土地承包经营权人，同时一直伴随着下级制定方案送上级审批，然后下级继续深化执行的自下而上的反馈过程。在风景区内，退耕还林政策的实施依据则是国务院直接审批通过包含退耕还林政策的《风景区总体规划》，具体实施部门是风景区管理局，在路径上有很大差异。

在退耕用地的转化方面，国家政策是将耕地转为生态林或经济林，其中生态林的比例不得低于80%（以县作为统计单位）；而风景区内退耕则是位于景区内的全部转化为风景林，位于景区外的全部转化为生态林。由此可见，位于景区内的耕地在退耕之后，居民几乎不可能再从林地中得到经济收益。

在退耕者的补偿和就业方面，国家政策除了提供一定时期的资金和粮食补助外，还通过吸收荒山荒地造林人员、林地承包经营等方式一定程度上解决退耕者的长效补偿问题，但效果不够显著❶；在风景区则在国家经济补助之外，引导退耕居民向旅游服务业或旅游服务产品加工业转化，很多风景区管理局还会额外给退耕农户经济方面的补偿。

通过对比，风景区内退耕还林政策的特点是：由国务院直接审批，法律效力较大；退耕后的林地用作经济用途比例较低；退耕农户获得的经济补偿较多，就业多向旅游转化。

（2）实施过程

由于风景区内退耕规模较小，涉及居民数量较少，在同样享有国家经济补助的前提下风景区退耕居民还多了从事旅游服务业以及部分景区对居民的补偿等有利选择，再加上社区搬迁和生态环境治理等工程的协调，风景区内的退耕还林实施相对容易，但政策实施之后仍然存在一些问题。

退耕地转为风景林的居民数量大于风景区可以提供的旅游服务就业岗位，而有的居民受年龄和就业技能的限制，不能胜任景区的工作，因此还有相当一部分人退耕后赋闲在家，仅依靠国家和风景区补助为生，缺乏可持续性。

在生态地理条件较好的地区，转为生态林的退耕地随着两轮国家财政补偿期结束，可以逐步进入生态林的采伐利用时期，但居民对林木的具体权利仍然存在不确定性。根据《退耕还林条例》和《森林法》，退耕农户对生态林享有一定程度（不影响生态保护）的采伐利用权、获取补偿的权利、抵押流转和承包继承权、林下资源的采集使用权等，但并未规定采伐管理制度、退耕还林后的生态林在公益林体系中的地位等问题，所以退耕居民在林业上的收入有限，进一步增加了通过旅游就业渠道获取经济收入的压力[17-18]。

风景区内广泛的退耕还林政策改变了当地居民基于农耕文明而发展起来的经济价值模式，因此部分社区的精神价值和研究价值可能会发生改变。

（3）政策分析

从价值的角度，退耕还林政策实际是针对如何满足风景区社区居民经济需求的方式进行调整，即改变社区居民利用风景区资源的方式，从直接的粗放式利用转化为利用程度较轻的旅游服

❶ 目前我国首批退耕还林的资金和粮食补助即将期满，由于尚未建立起完善的长效补偿机制，国家将继续对退耕农户给予现金补偿，补助水平约是前期补助的一半。

务业，或者将这部分资源用于更广泛的环境、研究和选择价值领域。也就是说，退耕还林所造成的居民损失一部分由代表游憩价值的游客买单，另一部分由代表环境、研究和存在价值的社会公众以税收等形式（国家补助）买单。按照《退耕还林条例》，生态林的合理利用也是一种补偿损失的办法，但在风景区这一途径尚未发挥作用。

与社区搬迁政策类似，退耕还林政策的制定初衷也是希望资源向公共性方向配置，而作为公众代理人的国家通过设立专项基金，很大程度上解决了其中的利益补偿问题，因此投入巨大的实施成本，政策实施效果较好。也就是说，社区规划政策对市场治理途径较小的依赖性是其能否有效实施的一个关键。但值得注意的是，国家的财政补贴并非长期行为，应当找到稳妥的长效自我运行方式，避免未来国家投入不足时开始转而过度依赖市场属性较强的社区游憩价值和经济价值。

3. 风貌整治政策

社区风貌整治政策主要针对风景区内大量承担旅游服务功能的社区，具体内容包括提高社区绿化水平、改变社区建筑风貌和街巷空间风貌等。

大多风景区规划认为当前风景区社区内建设风貌不佳。究其原因可能来自客观和主观两个方面。客观上社区居住人口规模快速变化引起建筑需求增加，导致聚落历史格局、建筑体量、密度和规模发生变化。主观上，一方面居民自发修建房屋更多考虑建设的低成本和短工期，造成传统房屋建造工艺被抛弃，历史风貌不再；另一方面用于旅游服务的建筑设施受外来审美取向引导，追求"盲目仿古"和"欧陆风情"等建设风貌，改变了当地原有的景观特色。例如，五台山风景区的台怀镇社区是五台山寺庙集群区，历史上其寺庙群与自然环境完美融合，形成了寺庙、山林、农田和谐共生的格局。而经过短短几年的旅游发展，镇上出现了大量的宾馆、饭店和商铺，杂乱的电线杆和广告牌林立，很多地方已经与普通商业集镇无异，原有的历史格局与和谐关系已经不复存在。

在这种情势下，风景区规划希望能够采用一定的外部强制手段控制局势恶化，常见策略是由风景区管理局委托编制统一的整治规划，提供相应的资金，实施社区美化工程，包括种植绿化、已建房屋的外立面粉刷、未建房屋的建设控制以及个别已建房屋的整治等。

（1）法律保障

风貌整治政策的法律保障主要是《条例》和《规划规范》。《条例》规定景区内的建设项目不得破坏景观、污染环境、妨碍游览。《规划规范》在典型景观专项规划中对风景区内的种植绿化和建筑风貌提出了一些原则性的要求。然而，当出现不符合上述风貌的情况需要整治时，对于整治过程如何具体实施缺乏相关的法律规定，尤其是出资者、实施者以及其中的权利义务关系等内容均无法可依。

现实状况下，整治政策的实施往往依据风景区管理局或者风景区所在地方政府发布的规章制度。在资金保障方面，管理局对社区居民提供一定的资金补助进行激励，资金来源一部分是管理局自筹，更多的是管理局通过向国家提交景区整治项目计划书，申请国家拨款。

（2）实施过程

与上述两个政策相比，风貌整治政策对当地社区生产生活的影响较小，很多政策实际上仅仅涉及居民建筑和户外环境的"表皮美化"，大多整治都是由管理局或者地方政府出资，在实施过程中并未遭遇太多阻力。但这一政策往往处于当地政府追求政绩和促进旅游发展等背景下，实施覆盖面广、时间短，缺乏对当地文化传统深入的研究基础，因此所制定的整治政策往往过于笼统，实施效果难以令人满意，过于"一刀切"的"一揽子"政策还会造成抹杀文化多样性的可能。例如，五台山人民政府于2013年针对台怀镇制定《创建台怀镇国家卫生镇工作方案》，除了河道治理、基础设施建设等项目外❶，还出资将台怀镇镇区和下辖所有村庄的民居建筑外立面粉刷为灰色，与这一地区传统的民居建筑风貌差别较大，当地居民戏称自家房子被穿上了僧人的"灰袍"；此外，在白塔周边的环境整治工程最终形成了大片规则种植的具有城市公园风貌的绿地，与当地原有景观格局不符。

（3）政策分析

当前的风景区社区风貌整治政策往往是社区搬迁和退耕还林等政策的后续完善或前期缓冲政策，意在改善社区风貌。往往由地方政府或风景区管理局出资和负责实施，是对一味追求风景区生活功能和游憩功能所带来的经济价值做法的一种矫正，有助于提升风景区的研究价值和存在价值。从资源配置来看是牺牲短期利益以获得长期利益的过程。但实施效果显示，当前的整治政策并未脱离对短视利益的追求。只不过追求短视利益的主体从社区

❶ 资料来源：http://www.wutai.gov.cn/E_ReadNews.asp?NewsId=4522。

居民转为了相关机构和旅游经营者。因而，政策在未经充分研究的基础上制定与实施，相关工程受旅游市场主导，流于表面化、形式化和高速化，成为景区为进一步追逐经济价值而进行的短期投资。

4．社区就业政策

此外，影响风景区社区的政策还包括林权改造、社区经营活动整治、社区就业安置等，均是针对风景区满足社区经济需求的资源重新配置。大多数风景区规划在社区经济发展方面都采取"适度发展第一产业，禁止发展第二产业，鼓励发展第三产业"的方针，将社区经济发展引向旅游服务业。而在实际旅游经营中，当地大部分社区居民并不具备足够的财力及其他能力与外来开发商竞争，只能开展小规模低端旅游经营，或从事技术含量较低的旅游服务工作，在竞争中处于劣势地位。有的风景区管理局通过给居民提供经济补助的方式减轻这一压力，但管理局的管理费用多来自风景区的门票收入，实质上还是增加了获取旅游经营所带来的经济价值压力。

大多数社区居民由原来的农耕畜牧业、林业等多种途径获取经济价值转变为仅依靠风景区旅游获取经济价值。原本多样的经济活动变得单一化，居民生活空间也由于经济活动的单一追求而发生相应变化，建立在当地居民传统生产生活方式基础之上的风景区社区研究价值和存在价值也受到不良影响。

上文已经提到，由于"拥挤效应"，风景区作为满足游憩需求的资源已表现出极强的市场性质，因此，依赖景区旅游发展的社区经济和就业政策很大程度上体现出市场治理的特征。

6.2.2　现有治理途径问题

通过上面的分析，当前我国风景区社区规划政策的实施过程主要体现出层级治理和市场治理两种特征。

从本质上说，社区规划政策体现的是层级治理途径，期望通过一定外部手段控制与风景区社区相关的资源配置，使其向着可持续性、公平性和有效性方向发展。而层级治理一方面需要自上而下的政府强制力作为实施保障，另一方面需要庞大的信息、实施和监督成本，这是层级治理能否实现的关键。例如，在上面的政策分析中，以国家补助作为后盾的退耕政策和实施成本相对较小的风貌整治政策均得到较好的实施，而社区搬迁和经济就业引导政策则缺乏实施成本和行政强制力。这主要来自两方面因素的限制。一是土地权属。当前与风景区社区相关的土地大都属于集体土地，尽管退耕还林和林权改革等政策一定程度上实现了集体土地向国有土地的转化，但仍留有大量集体土地，社区居住用地往往为宅基地，对这部分土地实行外部管理干预有可能引发尖锐矛盾或经济纠纷，解决矛盾和纠纷往往需要较大的实施成本。二是管理体制问题。第3章已经详细论述了我国风景区社区的管理现状，风景区管理局一般不属于地方政府，对社区的行政管理权有限。同时，"政权不下县"的基层社区管理模式也决定了从乡镇级别到村庄级别不存在直接的"上传下达"关系。这种管理层级的复杂性使规划政策的实施缺乏足够的政府强制力。

与层级治理相比，当前社区规划政策对于市场治理途径的依赖则是一种不得已的被动选择，如果强调风景区社区资源的公共性，那么就应当由代表公众的国家通过税收等方式强制外部受益人付费，承担社区政策实施所带来的巨大成本。但我国风景区接受国家政府直接财政补贴的数量极为有限，风景区管理费用不得不依靠位于风景区社区的旅游经营收入获得，风景区实施规划政策的经费也有很大一部分源自风景区旅游，这就导致外在于风景区社区价值主体的管理局和地方政府在实际工作中往往也扮演了社区开发者或经营者的角色，因此就产生了地方政府以风景区旅游作为经济发展主要增长点、风景区旅游整体上市❶等现象。例如，五台山风景区作为山西省转型综合改革试验区在旅游领域的第一个重大标杆项目，为完成相应的景区整改和社区搬迁，积极寻求各类融资渠道。一方面提高景区门票，拟从140元/人提高到204元/人；另一方面利用私人旅游公司作为贷款平台，将省政府投资的5亿元投入该公司作为资本金，向银行贷款10亿元❷。这种由于缺乏政策实施成本而不得不转向旅游经营的无奈之举使市场得以影响社区规划政策的实施和资源配置方向。上文已经提到，依靠市场进行资源配置在风景区社区具有很大的弊端，会造成以追逐经济价值为目的的社区游憩功能的过量供给，使社区问题恶化，因此政策实施效果往往难以令人满意。

总之，当前风景区社区规划政策作为一种过度依赖市场的层级治理途径，难以解决社区价值威胁风景区总体价值的关系问题，而导致上述困境的产权、制度和资金方面的制约因素是由我国的现实国情和发展阶段所决定的，在未来很长时间都将持续存在，改变具有相当的难度。因此，需要在优化当前风景区社区规划政策之前探讨另外的治理途径，作为现有途径的改良或补充，

❶ 近几年，九华山、普陀山、五台山等几个风景区都在探索旅游相关企业上市额融资渠道，而峨眉山已经早在15年前融资上市。资料来源：http://www.china.com.cn/travel/txt/2012-12/04/content_27309088.htm。

❷ 资料来源：http://jjsx.china.com.cn/c12/0214/083726168885.htm。

以实现风景区社区价值的合理延续和风景资源的保护。

6.3 社区治理理想途径：自组织

上一节论证了现有风景区社区政策采取过度依赖市场的层级治理途径，在实现风景区社区资源配置可持续性、公平性和有效性方面存在的问题，本节从公共经济学的集体选择理论出发，提出一种较温和的集体自组织治理途径，以解决上述困境。

6.3.1 "公地悲剧"模型及其解决途径

鉴于风景区社区的公共属性，其治理途径可以从公共经济学对经典模型"公地悲剧"解决途径的研究中找到思路。"公地悲剧"是由加勒特·哈丁（Garrett Hardin）在1968年提出的模型，旨在说明任何时候只要很多人共同使用一种稀缺资源就会发生环境退化，这一模式的必然性通过理性个人"囚徒困境"和"搭便车"行为模式得到解释。

当前，风景区作为一种稀缺资源，在满足社区、游客和经营者在生活、游憩和经济需求等方面已经走入了困境，尽管户籍和门票制度已排除更大范围需求主体竞争性利用的可能，但外来务工人员的不断涌入、社区居民人口不断增长、游客量的提升使风景区资源的利用状况不断恶化。

主流经济学针对如何解决"公地悲剧"进行了大量研究，认为悲剧产生的根源是缺乏明确界定的产权，在此基础上进一步提出了通过强有力的中央政府管理和将公地划分为若干小规模私有产权的市场调控两种解决途径[19-23]。

1. 政府管理的局限

采取中央政府集中控制的策略是指，假定由政府机构决定特定的、看起来最优的策略，并由政府对违背策略的人加以惩罚。

首先，这意味着政府需要准确判断对风景区来说最优的资源配置方式，并能够及时发现、准确裁决并惩罚违背此配置方式的个人或团体，这需要大量的信息获取、及时的监督能力以及有效的制裁措施。由于我国风景区类型多样，发展阶段差异较大，政府机构要想达到上面的要求意味着庞大的行政费用，对此我国的解决途径是中央政府将管理责任下放给了解当地情况的地方政府，从而减少相应的信息、监督和行政成本，但公共资金仍然不能负担庞大的行政费用。

其次，上述模型还暗含政府作为外部机构应外在于风景区的价值体系，能够在价值出现矛盾时均衡地给予解决。而我国风景区管理很大一部分资金来自景区门票收入，是风景价值体系的重要组成部分，受到利益驱使，很难做出理性的判断。

第三，我国大部分风景区处在农村地区，风景区社区土地、部分耕地和林地均为集体所有，管理机构没有相应的产权作为其政策制定的后盾。由此说明，在我国当前产权制度、风景区管理制度与资金供给模式的制约下，通过强有力的中央政府控制的解决方案可行性较低。

2. 市场调控的局限

另一种解决途径是通过将公地或者共享的稀缺资源通过划分成若干份，令私人占有其产权，从而利用市场自身对供需关系的调整实现资源向经济价值最大化的方向配置。毫无疑问，在环境和公共遗产保护的领域采取这种产权私有的措施存在极大风险，容易导致个人对经济价值的过度攫取，产生环境恶化和自然文化资源遗失的后果。这一途径已经被很多学者证明不能实现资源分配的可持续性、公平性和有效性。因此，风景区社区的问题不能通过这一途径解决[24]。

根据上一节对当前风景区社区政策的分析，我国风景区社区资源正逐步走向市场化配置，尤其是走向旅游经营产业。从第2章和第3章中可以发现，现阶段的很多风景区社区实践与研究都显示出对这类政策和发展方向的支持，即通过旅游服务业的吸引，实现当地居民从农耕畜牧业、林业等第一产业中的解放，人地关系的改变更进一步为社区搬迁和其他调控政策提供便利，大部分社区当地居民的收入水平也能得以提升。

但是，过度依靠旅游服务业为风景区社区的可持续发展带来隐患。由于我国风景区社区原本的经济水平较低，当前旅游服务业为当地社区带来的利益暂时能够满足居民的经济发展需求，从而掩盖了这部分隐患。然而，在世界众多利用旅游市场来解决原住民与保护地矛盾的案例中，这一策略已经开始显现不好的影响：当地居民占据的往往是市场经济链条的末端，他们能够承担的职务永远是停车指挥员、看守者、服务员、有机农产品收割者，或者如果能够学会一门外语的话也可以是生态旅游的导游。在这一模式下，所谓的保护成了某种程度上的开发，当地社区原有的文化传统被国家主流文化所吸收，并且这种吸收意味着当地居民永远处于社会的底层位置。居民传统社会从原本独立的、自我维持

的社会体系转变为具有深刻依赖性的贫穷社区，人们不得不完全
依赖外部的商业市场和劳动力合同[25]。

6.3.2　集体行动制度的启示

鉴于政府管理和市场调控手段并不能有效解决"公地悲剧"，
奥斯特罗姆在进行了公共经济学与集体选择理论方面的研究后，
针对公共资源的治理提出了集体行动制度的解决方案[26]。

通过考察世界上若干采用自组织治理的方式以实现公共资源
有效配置的成功或失败案例，奥斯特罗姆证明，通过公共资源占
有人自己达成一个有约束力的合约，或者允许由私人参与者承担
外来执行人角色的方式，有可能实现公共资源的有效治理。尽管
所研究的案例差异性很大，但不同规模与结构的当地社区都根据
自身实际情况建立起有效的集体行动制度，并经历不断的演变优
化，实现公共资源的永续利用。

奥斯特罗姆指出了通过集体行动实现长期存续的公共资源案
例的三个相似之处：都面临不确定的和复杂的环境；人口长期以
来一直保持稳定，保证较低的贴现率；采用大量规范界定"合适
的"行为。在此基础上进一步提出可以长期存续的公共资源制度
基本符合的八项标准：①具有清晰界定的边界，包括资源本身的
边界和有权使用资源的个人或家庭范围；②资源占用和供应规则
与当地条件一致；③大多数受规则影响的个人应该能够参与对
规则的修改；④有监督人；⑤分级制裁制度；⑥冲突解决机制；
⑦外部政府权威对组织权利最低程度的认可；⑧将占用、供应、
监督、制裁、冲突解决和治理活动在一个多层次的嵌套式机构中
加以组织。

如果把风景区及其社区作为满足当地居民各种生活和经济需
求的稀缺性公共资源，是否可以通过风景区社区自主制定相应资
源管理政策的方式实现资源合理配置？

本书接下来试图论证上述假设的可能性。首先，通过描述几
个我国传统的公共资源自组织治理案例并分析主要特征，说明以
村集体为单位的自组织治理有可能解决风景区资源在当地社区的
合理配置问题；其次，考察我国当前针对其他乡村或城市基层社
区自组织治理的已有研究，进一步检验与修正结论；最后，探讨
自组织治理途径能够多大程度解决前文提出的风景区社区所面临
的问题。

6.3.3　我国传统公共资源治理案例

奥斯特罗姆已列举了世界上若干成功案例，包括瑞士高山草场管理、日本社区森林管理、西班牙和菲律宾若干社区的灌溉制度等。由于不同国家在文化背景和管理体制上的差异，有必要进一步考察长期存续的公共资源自主治理模式在我国的成功案例。在案例选取时尽量考虑时间、空间、类型和文化等方面的多样性。同时应当注意到，这些设计精细的管理制度都是出自公共资源占用者自身，没有人比他们更了解资源使用的现状与面临的危机，也没有人比他们更能体会到资源消耗殆尽的严重后果。

1. 少数民族社区的草原管理

在清代内蒙古阿拉善地区，蒙古族牧民社区在相对隔离的条件下自主进行草原公地的利用和管理，使得草原生态系统能够始终保持可持续平衡状态。古代牧民对草原公地的管理通过传统生产生活方式和文化观念得以实现。

牧民社区草场实行包产到户，每户会分到冬盘和夏盘两处草场。但由于采用游牧和草场选择的方式，同一草场会在不同的农户手中流动。阿拉善牧民的游牧方式主要包括三种：多次迁徙（随着一年四季的变化迁往不同草场）、二次迁徙（一年中搬迁两次，前往冬营地和夏营地）、临时迁徙（解决草场受灾时的草畜矛盾）。同时牧民会根据牲畜在不同时令对牧草的需求来选择不同牧场。在牲畜管理方面，牧民往往能根据其长期依赖的经验确定可以适应草场最佳承载力的牲畜数量，在每年春天产下小羊羔的时候，牧民都会相应地处理掉一部分年老的牲畜。上述种种生产方式保证了草原资源在牲畜利用和保护之间的均衡。

牧民在日常生活方面也需要利用自然资源。例如牧民的衣服是草原动物皮毛；食物中除了牲畜肉和奶制品，也包括农作物和野菜等；蒙古包的建设材料包括了少量木材等。但同时也融入很多养护草原的措施，例如在建设蒙古包时不得铲除蒙古包内的草皮，牲畜粪便在草场晒干回收用作燃料，车马交通工具不得乱走破坏草原等等。

上述草原公地资源的配置过程所体现的种种理性，并非通过一个外部强制政府加以控制的结果，也不是单凭一个私人占有草场来实现的，而是牧民集体自组织的结果，其中起到控制作用的因素包括宗教文化信仰和习惯法。在萨满教和喇嘛教文化影响下，牧民对自然的神圣崇拜约束了破坏自然环境的行为，并通过民俗传说或者禁忌的形式表现出来，如"砍树烂手烂脚""采矿触犯主人，主人不高兴就不下雨"等从古代流传下来的传说。此外，通过蒙古族的成文法对破坏自然的个人给予惩罚。例如私自砍树将没收全部财产，被没收的财产将由检举发现的人获得；引发草场火灾要罚没收若干牲畜等[27]。

2. 宗教社区的森林管理

中国传统宗教往往认为深山是汇聚神灵和炼丹成仙的理想场所，寺院或道观的选址会考虑地形和植被条件能否为修行者提供脱离尘世烦恼、享受平静或隐居生活的理想场所。自古著名寺庙和道观的所在地往往成为后来的风景区，这不仅与中国传统审美观始终保持稳定有关，也反映出寺院道观类宗教社区在风景资源管理方面拥有的成功经验。

大型寺院对其周边森林管理制度的制定是传统宗教文化思想的外在表现。寺院对森林的管理权主要来自皇家的土地赏赐或者富商的土地捐赠，而管理目标主要有两个：维护安静隐居的环境；满足寺院建设修缮的需求。具体的管理方式包括：寺院制定一定的政策防止林木砍伐，合法的森林活动包括对森林的维护、拾柴、采集中草药和蘑菇等森林产品，当地居民有时允许去采集森林产品，但采集的时间会受寺院的严格控制；寺院僧人在寺院周边山区进行树木种植，用以平衡因寺院建设和修葺带来的林木损失或改良已经恶化的土地；如果有需要，寺院住持或地方官员还会向皇家请愿，作为回应，国家会针对具体寺院颁布禁令制止砍伐林木或开垦土地，以加强该寺院自然环境的保护[28]。

由此可见，宗教社区对风景资源的管理是在保护与利用之间寻求生态的平衡状态，很有现在可持续利用的意味，同时还承担当地环境的监测工作，并及时向上级机构报告。

3. 传统宗族社区的森林管理

我国传统宗族和村落等世俗社团对当地森林资源的管理也有很大成效。由于很多世俗社团与寺院一样，拥有林地所有权，为了维护自然资源，他们逐渐建立了较为完善的保护制度。在管理目标上，世俗社团希望达到的目标比宗教型社区更多、更复杂：保护重要的宗族圣地如祖坟，为社区活动提供资金，为成员生活提供燃料或房屋修葺材料。

宗族社团的墓地和坟地对森林资源保护具有重大意义，它们均位于树木繁茂的地方，宗族官员会制定保护规章制度防止林木砍伐，例如现今山东省曲阜孔子家族历代坟墓周围的森林（孔林）

就是具有历史意义的大家族的坟地。另外，村落对其周边荒地的管理也很有价值，为了维护森林资源利用的可持续收益水平，会制定村规民约限制林木砍伐活动，如受保护的地段、允许进行的活动，或者允许林木砍伐的时间等，例如在福建南平市出土的一座石碑上刻着咸丰六年（1856年）名为"阖乡公禁"的碑文，上面规定了应受保护的地区以及对那些非法砍伐树木者的惩罚。除了制定规章制度，村落还通过村民选举负责管理森林的乡会和管理员的方式保护周边林地[28]。

因为森林资源作为宗族和村落社区的共有财产，其收益和破坏均会实实在在反映到每个社区成员的日常生活中，因此每个人都应自觉遵守并承担监督义务。"只有村有林的办法可以解决这个保护困难的问题。因为村上的人，都是本山的主人翁，人人都有担任保护森林的责任。人人可以抓获偷砍树木的贼。这么一来，不需雇用许多看山的人，而不费一个工钱。[29]"

4. 传统公共资源治理特征

上述以平衡资源取用和永续保存为目标的集体治理模式成功实现了我国大部分可再生资源在历史上的可持续利用，不同文化背景下案例之间的相似之处主要体现在以下几个方面。

（1）共有资源边界清晰并具有稀缺性

不管是森林、耕地还是牧场，由社会成员集体所有的资源总量是确定的，不管这一所有权是通过国家指定、私人捐赠还是历史遗留。同时，社会成员对共有资源的利用具有竞争性，加之所依赖的自然资源的更新速度较慢，因此在一定的时间范围内资源具有稀缺性特点。

（2）社会成员的稳定性

占有共有资源的社会成员的数量保持稳定，同时具有较低的人口流动性。这一特征意味着社会成员能够切身体会到资源过度攫取会给其未来潜在利用机会带来不良的影响，在共有资源的利用上也就具有较低的贴现率。

（3）传统生态知识（TEK）

从社会成员长期的资源管理实践中逐渐形成与发展起来的传统生态知识保证了资源占用（利用）与供给（涵养）之间的协调，其在自然资源管理中的重要性已经越来越受到国际社会的广泛关注，尤其在保护地领域。

我国传统的农耕畜牧业和林业生产方式往往能根据其具体生态条件发展出有地域性特征的特定技术和流程，既保证自然资源

的正常取用,又保证不破坏生态环境。上文蒙古阿拉善的例子已
经说明牧民在畜牧业方面所积累的传统生态知识,还有我国云南
地区发展出来的刀耕火种农耕方式、浙江省一些古村落的传统稻
田养鱼体系等[30-31]。

(4)多种形式的民间规约

在宗教、宗族、民族等传统文化的影响下,社会成员内部形
成了多种形式的民间规约,为集体治理提供了监督和惩罚机制。
尽管传统生态知识保证了大多数社会成员对资源的有序利用,但
由于公共资源的外部性和理性个人的"搭便车"属性,必然需要
一定的监督和惩罚机制对成员行为进行约束。形式内容多样的民
间规约则承担了这一功能,如传统神山、神兽、神水禁忌传说,
少数民族部落规约,宗族村落的乡规民约,承包合同(非正式),
口头约定,社会舆论和风俗习惯等[32]。

这些制度通过正式或非正式的形式确立了一套社会成员应当
遵守的行为准则,由社会成员自发或通过选举责任人进行监督,
惩罚主要包括经济、肉体和名誉方面的制裁等。由此可见,多种
民间规约的制定者、遵守者、监督者和制裁者均出自社团成员内
部,不存在外部监督机构,体现出强烈的自主性[33]。

(5)精英治理与民主属性共存

尽管集体治理反映的是社会成员集体的意志和智慧,但在传
统生态知识的具体运用、部分民间规约及其监督和惩罚的具体实
施、成员矛盾纠纷的协调等方面,往往需要由少数人首先发起或
具体承担。在我国传统集体治理模式下,往往由宗族长老、寺庙
住持或者其他有名望的人士承担上述事务,体现出精英治理的特
征。但精英地位的形成与权力赋予则依靠其广泛的群众基础,并
随时受到群众监督,同时精英的很多决策往往需要在宗族或行业
性民间社会组织内部进行民主公议,具有很强的民主属性。

综上,我国传统的公共资源治理模式是相对稳定的社会团体
在长期的生产生活实践中发展起来的,通过传统生态知识进行合
理的资源占用与供给。这一过程以宗教和民俗信仰等传统文化为
内部制约,以多种形式的民间规约为外部制约,并通过精英治理
和民主评议具体实现。上述模式体现出强烈的集体内部性和自组
织性,在我国"政权不下县"的行政管理结构下,是传统基层社
区资源常见的治理形式,作为受传统文化影响较大的风景区社区
来说,过去也往往具有上述模式的特征。

与奥斯特罗姆列举的案例相比,我国传统集体治理案例体现

出的管理制度在层次性和结构性方面更加简化，这可能是因为传统宗教信仰和民族文化熏陶，以及传统基层乡土社会建立起来特殊社会关系对社会成员的价值观念和行为模式起到很大的规范作用，即丰富的社会资本降低了制度设计的难度[34]。除此之外，我国传统集体治理案例基本满足了奥斯特罗姆集体行动制度的其他条件，即清晰的边界；资源占用和供应规则的统一；规则制定、遵守、修改主体的一致性；监督和制裁；冲突解决和外部认可等。

6.3.4　风景区社区理想治理途径

不管是层级治理还是市场治理，均是来自风景区社区外部的治理手段，集体行动制度和传统公共资源治理案例带来的启示是，有可能通过来自风景区社区内部的治理途径弥补上述两种途径的缺陷。在本章第2节开头已经提到，我国基层社区的治理已包含群众性自治的内容，同时学界已有很多针对当前问题及其改良措施的理论与实践研究。尽管这一趋势在风景区社区的风景区管理相关政策中尚未显现，但上述研究的成果对探索风景区社区理想治理途径有很大借鉴意义。

当前有关社区自治现象与改良的研究集中于自组织理论。该理论最早出现在自然科学领域，耗散结构、协同学和复杂系统论等研究都涉及对自组织现象的解释。20世纪末，复杂网络引起了社会科学领域专家的兴趣，开始用来解释各种社会网络现象[35]。自组织是与他组织相对的概念，在人类关系协调论中，自组织是指一种自我管理的网络，信任与合作是该网络的主要协调机制，这与市场治理的价格竞争机制、层级治理的正式权威命令有明确的区别[36]。自组织的形成包括两个阶段，首先是小团体的形成，其次是为实现共同目标的自我管理[35]。其中小团体形成、共同目标制定与目标实现过程中各种权利义务关系的协调是关键，这也是自组织治理与传统政治学的"自治"理论之间最大的不同。后者主要强调行为主体的"自主权"，关注公民个体、种族、民族甚至国家等共同体管理自身事物的自主性，往往将社区自治理解为社区居民个体或者经过民主选举产生的社区组织的自主治理，强调政府组织与社区之间的分权[36]。

当前中国乡村和城市基层社区治理实践存在将"自治"理解为"自主治理"的倾向，由此引起将社区与政府对立起来或仅重视社区成员个体的自主性而忽视组织网络权衡关系的误区，进而导致一系列现实问题：政府组织权力下沉带来的行政压力问题，乡镇政府、村党支部、村委会、村代表大会、村民等不同机构和个人之间权利关系协调问题，社区成员参与性较低问题等[3, 10, 36]。

当前用于解决社区治理问题的自组织治理途径并非要完全排除层级治理和市场治理，也不是介于上述两种途径之间的过渡途径，而是一类完全不同并可以对现有治理途径进行补充的方式。对于纯公共物品和市场性物品的资源配置，层级治理和市场治理依然是行之有效的途径，但在处理半公共物品时，则可以考虑增加自组织治理途径。需要指出的是，实现社区自组织的良好运转需要很多必要条件，陈伟东等认为社区自组织的内在要素主要包括五个：社区成员尊重彼此权利、具有共同利益、协商机制、信任与合作网络、自我管理和自我约束秩序[37]。罗家德等认为自组织具有三个特性：小团体形成（社会网络和信任制度）、集体行动需求、行动过程中自定规则[38]。

将上述必要条件与奥斯特罗姆案例和我国传统案例进行比对（图6-2），可以发现其中的共通性。其中，成员共有有限资源是产生成员认同和共同利益的主要条件；在资源利用的集体行动中，通过传统生态知识或资源占用与供应规则加以约束；我国传统案例通过精英与民主的社会网络建立信任关系，从而一定程度上替代了奥斯特罗姆案例在自定规则方面的复杂制度设计；此外，奥斯特罗姆还提出外部政府权威应当满足的最低认可。

本书认为实现自组织治理的必要条件主要包括成员认同（即形成小团体）、共同利益（即有集体行动的需求）、信任关系与合作网络（即社会资本）和自定规则等四个。其中自定规则包含了两方面的内容，一是资源占用与供应规则，二是监督制度。前者在我国传统案例中通过传统生态知识体现；而后者则与社会资本之间存在可替代关系，在社会资本丰富的案例里监督制度的复杂性将大大简化，即监督成本降低，例如我国传统案例。

图 6-2 自组织条件与我国传统案例、奥斯特罗姆案例所需要素对比

我国传统案例	自组织条件	奥斯特罗姆案例
● 共有资源边界清晰并具有稀缺性	成员认同	● 具有清晰界定的边界（资源和成员）
● 社会成员的稳定性	共同利益/集体行动	● 资源占用和供应规则与当地条件一致
● 传统生态知识	信任关系与合作网络	● 大多数受规则影响的个人应该能够参与对规则的修改
● 多种形式的民间规约	自定规则	● 有监督人
● 精英治理与民主属性共存		● 分级制裁制度
		● 冲突解决机制
		● 外部政府权威对组织权利最低程度的认可
		● 将占用、供应、监督、制裁、冲突解决和治理活动在一个多层次的嵌套式机构中加以组织

基于上述分析，对风景区社区来说，可以通过自组织治理途径补充现有层级治理途径过度依赖市场的缺陷。这种来自社区内部的力量能够有效降低层级治理所需要的信息成本和外部监督成本，从而避免对市场的过度依赖，进而从根本上解决社区与风景区的威胁关系。另外，由于是风景区社区成员集体参与制定与实施的政策，对于当前社区规划忽视社区各项发展需求的状况也能起到很好的改善。因而是一种较为理想的解决问题的思路，但在现实状况下，风景区社区的自组织条件尚不充分，需要进行差距分析，并寻找当前的替代途径。

6.4 差距分析与替代途径

与上一节所讨论的案例相比，风景区社区具有特殊性，一方面制约了自组织治理途径的实现，另一方面也存在优势。在当前还不具备实现风景区社区自组织治理的条件下，需要基于对自组织规律的认识和遵循，通过一定的"他组织"途径，逐步对系统进行动态调节，使其最终转化为"自组织"[39]。

6.4.1 差距分析

尽管当代农村基层的集体所有制和村集体管理模式使得基层社区自组织存在可能性，但涉农制度改革、城市化发展、农村利益分化和农民观念变化等因素也极大突破了社区共有资源占用的边界和传统的乡村社会资本，农村基层各成员之间的矛盾冲突不断增多，自组织治理的有效性减弱。

大多数风景区社区属于特殊的乡村基层社区，风景区政策和旅游业发展给实现自组织治理带来困难。

首先是共有资源占用边界不再清晰。一方面资源占用方式由直接作为生产生活物资转变为旅游服务产品，后者在稀缺性和可再生性方面都更为复杂；另一方面资源占用者的范围扩大，旅游发展加速风景区人口流动，社区社会成员数量不断上升，在当地具有较长历史渊源的社会成员所占比例则不断下降。这一变化提升了成员对自然资源利用的贴现率，即很多成员的利用只注重短期效益甚至一次性取用，不考虑资源的永续性。此外，对资源需求量的一再上升更是一大威胁。总之，当前风景区社区很难在有限的社会成员之间建立起深厚的成员认同与共同利益意识。

其次，风景区的建立和管理政策已大幅改变社区居民的原初资源利用方式，留存的传统生态知识已经失去了实践意义。面对快速发展旅游业，在如何平衡旅游服务资源的占用与供应方面，社会成员并无相关积累，也没有足够的财力和物力，因而逐渐失去了在规则制定、修改、监督等方面的主动权。风景区管理局、地方政府或外来开发商等外部管理机构开始占据主导。一方面内部成员自定规则的能力减弱；另一方面外部机构对社区自组织治理给予的外部认可收紧，极大影响了自组织的正常运转。

再次，原有的社会资本趋于消失，成员之间的信任和社会网络关系不再。改革开放以来，乡村的熟人社会体系随着人口流动加速解体，建立在宗教、宗族、民俗文化和传统生产生活方式基础上的价值观念也逐渐弱化，这些变化极大减弱了自组织治理所依赖的社会资本。仅依靠民间规约已经不能保证社会成员均自觉遵守相关制度，监督与惩罚等的制度维护成本不断上升。例如，九寨沟风景区希望能够禁止社区居民进行小规模的自发住宿经营行为，但却收不到理想的效果，在管理局出巨资实施了大规模的住宿经营搬迁政策之后，居民又偷偷在自家开展此类活动，难以完全禁止。

最后，缺少社区自组织治理的宽松外部环境。中国大多数风景区社区地处资源敏感性和重要性较强的地段，赋予社区资源治理的权力存在着资源破坏的风险。在当前社区已经不再具备充足的生态知识和社会资本的情况下，新知识和社会资本的重构需要社区在"尝试－错误－改进"的摸索中逐步进行，以风景区当前的资源敏感度与恢复力，是否禁得起摸索过程中难以避免的失误，存在很大的未知性。

除了上面的限制，风景区社区的特殊性也为重构自组织治理条件提供了优势。首先，风景区的设立为当地社区带来了广泛的知名度和经济收益，这是由风景区保存良好的资源状况带来的，因此，社区居民有条件重新建立对风景区的成员认同，并把保护风景区资源作为实现共同利益的必然途径；其次，总体来说，开展旅游服务的资源利用方式与传统农耕放牧业相比，在资源利用强度、环境影响以及改善当地居民生活条件方面都存在优势，社区居民能够切身体验到生活环境的巨大变化，容易重新建立起新的信任关系和共同行动的动力；第三，风景区广泛的国际关注度和信息技术的发展，可以缩短当地社区新生态知识的形成周期。

6.4.2 替代途径

当下风景区社区已经不具备通过自定规则实现资源合理占用与供给的能力，因此盲目照搬自组织治理途径必然存在极大的风险，同时由于其特殊性，自组织治理途径所发挥作用的范畴也可能有变化。因此在现实状况下较为可行的途径是，通过一定的外部治理手段，一方面补充社区自定规则的缺陷，另一方面促进社区自组织治理的条件形成。在未来条件成熟之后，有可能实现社区自组织治理。替代途径可能包括如下思路。

1. 重新确立资源占用边界

传统的集体所有制形式明确了社区成员所共同占用的自然资源边界，交通信息不畅和人口准入制度等条件划定了能占用共有资源社会成员的边界。这两个限定条件在风景区社区都被打破，有可能通过管理制度设计重新确立上述边界。在这方面一个正面的例子是九寨沟风景区社区经营活动的管理制度创新。

九寨沟风景区内现辖居民1183人，由于先前实行的退耕还林政策和居民自由经营活动整顿，目前沟内大部分居民经济收入都由三部分构成：来自管理局的基本生活保障补贴、来自旅游经营公司的入股分红、从事景区提供的旅游服务就业岗位收入。在向当地居民分配就业岗位时，通过细致的制度设计保证了风景区资源在社区居民之间的合理配置，具有一定的借鉴意义。

诺日朗游客服务中心旅游纪念品售卖摊位总共有195个，当地居民通过入股的方式取得摊位经营的权利（每10万可以获得一个摊位经营权），但由于不同区位的摊位会产生收益差异，每年3、4月份在获得经营权的居民中实行抓阄分配摊位，一年一轮换，从而保证了各摊位居民的受益均衡。在这个过程中，由于管理局并不参与摊位经营的利益分配，因此作为无利益第三方承担监督和惩罚的工作，保证了机制的完好运转。当地居民从中获得人均年收入3万，最高能到10万。

此外，在风景区景点的租衣照相活动也通过一定的制度设计避免了恶性竞争。风景区仅在长海、原始森林、熊猫海和五花海四处集中设置租衣照相服务点，将其分别下放给四个行政村进行具体分配，为了避免不同区位条件的景点带来的营业额差异，四个行政村在四个景点的经营是轮流替换的。

上述制度设计的关键是由景区管理局确立了旅游服务就业的供给总量，而通过严格的户籍管理和登记制度等手段控制受益风景区社区居民的人数，从而使得资源占用的边界清晰。此外，通过授权等形式将岗位分配的任务交给村集体这一更贴近社区居民的机构执行，为自组织治理提供空间；合理与细致的制度设计避免了收入不均所引起的社会矛盾。

2. 促进新的资源占用与供给知识形成

大部分传统生态知识是有关农耕、放牧和林地采伐的生产实践如何保持资源永续利用的技术，而风景区在实施了多年退耕还林、退牧还草、林权改革等政策后，很多社区已不再从事原有产业，很多生态知识失去了实用性。社会成员对资源合理占用知识的全面把握是其有效治理的基本保障，因此需要促进社区掌握新情势下新的资源占用与供给知识和技能。

传统生态知识是本土居民与资源环境密切联系，通过"尝试－出错－再尝试"增进了解，模仿自然系统的习性和模式形成的，而当今先进技术和通信条件等的发展，新知识的形成可以通过模拟、推理和借鉴等途径加快进程，也可以通过社区能力建设和其他社区交流活动实现。

在促进保护地社区形成新的资源占用与供给知识方面，世界自然保护区领域也已经认识到，传统保护方法将社区生产生活需求排除在外，使当地人变得更加贫困，使保护工作难以为继，因而开始寻求妥善的解决办法。其中，可持续生计途径（Sustainable Livelihood Approach, SLA）是研究重点。

生计（livelihood）由能够满足某种生活方式所需要的能力、资本（商店、资源、债券和可利用权）和活动构成[40]。这一概念更加强调一种途径而不是结果[41]。例如，渔民的生计通过鱼类的可利用权实现。在社会学中，这一概念还包含社会和文化途径，如当个人、家庭或其他社会族群的生活需求已经超出收入或其他可用来交换的相关资源时，可能还会包括信息、文化知识、社交网络和法律权利以及工具、土地和其他物质资源。而在政治生态学领域，该词分析的焦点为基于自然保护的可持续和基于消除贫困的人权❶。

❶ 资料来源：http://en.wikipedia.org/wiki/Livelihood。

在保护地领域，用于描述当地社区生计问题与保护工作关系的理论框架主要有"矛盾－共存－共生"模型、"win/win, win/lose, lose/win, lose/lose"模型、"无联系－间接联系－直接联系"模型等[42-44]。往往通过赋权、能力建设、经济利益、生物多样性保护与环境服务、设施发展等衡量指标进行效果评价[45]。

生计的可持续性体现在能够应对和抵御压力与冲击，始终保持与提高生计能力和相关资产，并给下一代提供可以延续的生计机会，在较长和较短的时间内能够为地区和世界范围内的其他生计贡献净收益[46]。可持续生计途径（SLA）是一种理解引起贫困的多种原因并给予多种解决方案的集成分析框架[47]。该框架主要由三个关键部分构成：生计框架，帮助项目推动者和规划师以及社区居民更好地了解影响不同人群生计的不同因素；一系列达成共识的可持续生计原则，为指导如何给生计带来积极的和可持续的改变提供有效的指南；一系列工具，这些工具不是SLA专有，而是来自发展领域的经验和优秀实践，提供基于可持续生计原则和框架的一系列行动选择[48]。

由于对生计涵盖内容的理解有所不同，SLA相关研究发展出了多种不同的分析框架，与自然保护相关的分析框架是由IUCN与综合海洋管理有限责任公司（IMM）开展的可持续生计提高与多样化（Sustainable Livelihood Enhancement and Diversification, SLED）项目所建立的（图6-3）[47]。该框架以"人"为中心；内圈是个人特征，基本是不可改变的，对人能否获得有利机会有深刻影响；外圈是个人能够获得的资本，表现为不同的资本类型，如自然资本、社会资本和资金等；进一步的影响要素，能够决定和影响一个人获得了哪些资产，决定了社会多大程度对其个人特征做出了反馈；促成者，如政府当局、服务提供者、个人三者的相互作用关系共同形成另一层次的影响和机会；在更外部，个人不可控制的外部要素对个人生计选择带来影响；基于上面所有的因素，加入个体自身的希望、动力、机会和威胁，个人做出选择，采取行动，最后得到生计产出。这部分产出有可能影响原有的生计资本，对资本链做出反馈，最终影响未来的生计产出[48]。

此外，该项目基于过去的生计研究工程和世界范围内生计改善与参与发展实践建立了一套工作框架，通过一系列关键步骤和活动（图6-4），为在发展和保护领域参与实践的工作者提供指南，帮助人们改善和丰富生计状况，以应对社区生计改变的挑战[48]。最初SLED途径只用在海岸和海洋资源管理，现在已经被认可广泛运用在由不可持续的人类利用造成的自然资源退化区域，适应多样的地方文化背景和当地复杂的生计变化状况。

SLED项目实施的前提是认为当地社区传统生产生活方式已经不可避免地造成了对环境资源的不良影响，鼓励它们改变原有的资源利用方式，在充分认知已有优势和机遇的条件下，发展出新的更丰富的谋生手段（图6-5～图6-7）[48]。

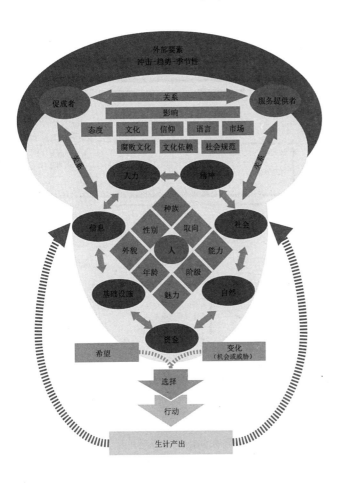

图 6-3 SLA 生计认知框架（图片来源：改绘自参考文献 [48]）

图 6-4 SLED 工作框架示意图（图片来源：改绘自参考文献 [48]）

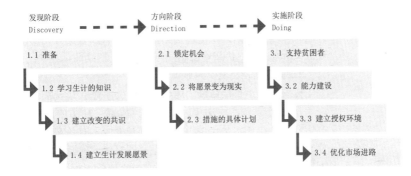

图 6-5 如果不采取环境保护措施，由于自然资源不断退化导致社区利益受损（图片来源：改绘自参考文献[48]）

图 6-6 由于采取了环境保护措施保护长远利益，导致社区当前利益受损（图片来源：改绘自参考文献[48]）

图 6-7 通过 SLED 增强社区适应新变化的能力，从而避免社区利益受损（图片来源：改绘自参考文献[48]）

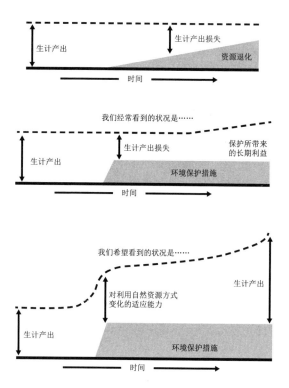

与过去的替代性生计（alternative livelihood）不同，后者通过单一途径，以需求的供给为驱动，尽管在项目进行之初有效果，但长期来看不可持续。SLED方法鼓励资源管理者与当地社区充分合作，帮助社区认识到影响其生计状况的保护措施，并充分利用其带来的机会。一方面降低当地居民生计对重要保护资源的依赖；另一方面确保保护措施不对社区产生负面影响，实现生计发展和保护的双重目的[48]。经过实践检验，这一方法中较好的经验主要包括以人为中心，建立在充分认识已有优势的基础上，充分倾听与赋权，经济社会制度与环境的可持续性。

3. 促进新社会资本的形成

传统社会由长期血缘、地缘、业缘关系建立起紧密的社会结构，宗教信仰和民族文化、宗族精英权威、社团成员彼此的熟悉信任等社会资本是自组织治理能够最低成本有效实施的必要条件。当前传统文化遗失、社会关系减弱等现状使原有的社会资本不再，应当采取一定的措施促进形成新的社会资本。

　　风景区作为具有国家乃至世界级别重要性的风景资源所在地，是很多改革或政策颁布实施的前沿阵地。这一方面容易使当地社区产生有关经济与权利的纠纷，另一方面也很容易在当地社区建立起归属感和自豪感，而后一方面状况能够使社区成员在占用资源的时候趋向于低"贴现率"，并进一步降低管理成本。

　　关于形成新的社会资本，当前国内外有一定的实践或研究案例值得借鉴。

　　我国基层乡村处理社会纠纷的方法在一定程度上有助于社会资本的培育。2000年以来，我国的村集体管理中流行一种"说事"制度，以解决农民之间的纠纷。具体是指村干部在村中设立一个集中办公室，用来接待有纠纷的农民前来寻求调解，称作"逢几说事"，即每逢星期几或者几号，接待来访农民。这一制度在没有经过村组合并、人口数量较少、村干部任职时间较长、队伍稳定、经济发展一般的村集体往往更为有效。

　　传统的民间调解主体往往是村干部、家族长辈、老党员，或者是村庄经济文化精英，农民对他们非常尊重与信任，这为调解工作增加了便利。上述人群组成村庄调解委员会这一专门性组织，通过灵活的方法在有纠纷的成员之间寻求共识，力求在基层消化矛盾。由于对调解人和制度的依赖，农民前来寻求调解的事件范围非常宽广，有很多甚至不是纠纷，而是单纯有困难前来寻求帮助[49]。通过这一制度，增进了社会成员彼此之间的交流，容易形成成员认同并建立新的成员之间密切关系，从而促进社会资本形成。

　　20世纪80年代国际上开始采用一种有助于促进社区凝聚力的调查管理方法，名为"欣赏式探寻"（Appreciative Inquiry，AI)，用于指导社区以外的人通过一定的手段帮助社区形成新的社会资本。广义上讲，AI研究如何"系统性探索怎样给一个活态系统注入生命力，令其保持最活跃、最有效，在经济、生态和人类领域最有建设性的状态"。狭义上讲，AI涉及提问的艺术与实践，以优化系统，令其具有捕捉、预测和提高正面潜力的能力。

　　AI方法假定每一个生命系统都有许多尚未开发的、丰富的、鼓舞人心的正面基础，如果充分考虑使系统产生积极变化的核心，在此基础上进行工作，很多之前认为从来不可能发生的变化就有可能在看似突然或尚未预想的时间发生。与过去"以问题为导向"的研究方法完全相反，AI方法希望通过采访组织成员揭示组织中最好的方面。采访给参加者带来的最大挑战是如何检查和讨论目前状况中好的方面，发现组织中什么东西运转良好。随后，这个方法利用收集到的数据，基于已运转良好或者是被认为成功的事物进行规划，以丰富组织。开展研究的过程不仅可以收集重要的数据，还可以通过与个体成员或者举行会议时的非正式讨论，使整个过程渗透入社区[50]。

方法的实施基于一个"4D循环"（图6-8）：首先是发现（Discovery）阶段，讲述团体或社区中曾发生的有关最棒体验的故事，通过分析这些故事可以发现他们的优势和过去成就所影响下的现实状况；然后进入梦想（Dream）阶段，挑战自我去想象未来，充分利用团队的绝对优势，发挥作用，实现目标，并为更大范围社区的发展贡献力量；在设计（Design）阶段则制定能够强化优势和实现梦想的具体行动计划；在充分了解到自身优点和核心价值，并形成更清晰的未来团队发展愿景和具体战略之后，进入最后的实施（Delivery）阶段。上述过程是一个圆圈而不是单一线性，在过程的任何一环都有可能引发新一轮的发现、梦想、设计和实施循环[51]。

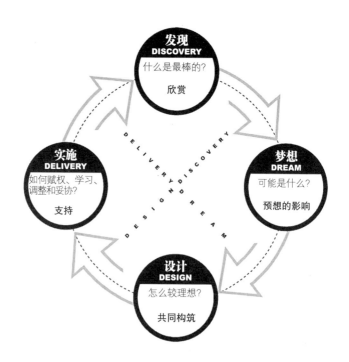

图6-8 4D循环示意图（图片来源：改绘自参考文献[52]）

研究过程通过设置涉及成百上千人的"无限制的正面问题"进行调查动员。这些问题包括:成就、财产、未开发的潜力、创新、优势、积极的想法、机会、基准、高点时刻、有活力的价值观、传统、战略能力、故事、智慧表达、更深层次的企业精神或灵魂洞察和未来的愿景。其中最艰巨的任务是用丰富的想象力和创新来代替否定、批评和螺旋式诊断,是有关发现、梦想和设计的任务。到目前为止,AI方法的应用已经扩展到多个领域,包括组织发展、社区发展、健康、教育和旅游等。Nyaupane等曾基于此方法研究尼泊尔Chitwan国家公园三个社区保护、生计和旅游之间的相互关系,研究过程分为五个步骤,与AI方法的"4D循环"略有不同[53]。①摸底阶段(grounding phases),该阶段是在"4D循环"基础上增加的一个前导阶段。主要内容包括:建立联系、利益相关者识别、选择参与者、研究目标和研究方法定位、面谈以制定协议。②发现阶段,调动整个系统,进入积极探询的变革核心。③组织设计,就如何构建理想化组织,提出各种建议。每一名成员要既能自由释放推动组织变革的积极潜能,又能自由实现自己构筑的梦想。④梦想阶段,基于业已发现的潜能,围绕更高的追求,构筑清晰的梦境。例如,问一问自己:"今天的世界要求我们如何应对明天的挑战?""通过今天的不懈努力,明天的我们又将会变成怎样?"⑤目标阶段(destiny),进一步强化整个系统积极肯定的特征,满怀希望和动力去实现更为远大的组织目标。在此时,组织成员的学习、调整和提高已经成为自觉的行为习惯。

4. 逐步提高社区自主治理的外部认可

在现阶段直接认可风景区社区进行自组织治理的能力和权力具有很大的风险,风景区管理局、地方政府等外部性管理机构可以通过循序渐进的方式,逐步提高管理内容的灵活性,从而为社区自组织提供一定的空间。如果缺少外部认可,对风景区社区进行的各种参与式、合作式或者援助式的项目往往会过度依赖外部推动组织以及外来资金,当不再施加外部动力的时候,社区难以良好自我运转,从而缺少持久性。这方面的反例是国际公益组织在第三世界国家进行的社区援助项目。

自从20世纪90年代国际社会开始关注保护政策与当地原居民的矛盾问题起,众多世界保护组织在全球范围推动了多种社区援助与研究项目,其中最重要的是社区自然资源管理项目(CBNRM)。社区自然资源管理是英语国家用来描述自然资源管理模式的一种专有名词，在近二三十年被一些发展中国家重视并开始研究。这一管理模式受很多国际组织的资助，如世界银行组织、美国国际发展署（USAID）、福特基金、国际发展研究中心、洛克菲勒兄弟基金会等等，并以撒哈拉沙漠以南非洲地区为起点，开始在全球很多欠发达地区进行实践与研究。

CBNRM.net国际网络平台的协调官Soeftestad认为，CBNRM是两类过程的实施结果[54]。一类是自下而上的过程，受可持续发展和生物多样性保护目标鼓舞，领域逐渐拓宽为社会过程和更广泛的社会运动；另一类是自上而下的过程，是由众多基金机构、双边援助国以及其他跨国非政府组织和机构发起并参与的实践工作与研究。在上述两类过程中诸多利益相关者或机构协同工作、共享经验，为实现共同的目标努力。

一般来说，项目实施的目标主要有四个，即提高地方社区自主性、改善当地居民生活状况、促进社会公平、资源环境与生物多样性保护等。在资金、机构和人员的援助下，包括我国在内的众多国家和地区均开展了实践探索，尽管地域和当地条件的差异导致项目实施过程中会产生不一样的结论，但普遍得到的经验是应尽量吸收当地社区在过程中的参与，确保当地社区在项目中的收益，在当地发展出有效的制度，确保社区具有资源权利，对当地传统生态知识的挖掘和环境教育[32]。

此外，以国际保护组织为主导的社区项目还有很多其他的名字，如基于社区的保护（Community-Based Conservation）、可持续发展和利用（Sustainable Development and Use）、基层保护（Grassroots Conservation）、资源权利在当地社区的下放（Devolution of Resource Rights to Local Communities）、综合的保护与发展项目（Integrated Conservation and Development Programs，ICDPs）等，下文将其统称为ICDPs。

ICDPs的实施效果并不理想，根据世界银行的一项调查，在筛选❶出的1993~2007年开展的32个项目中，仅有5个项目实现了保护与扶贫双重任务，只相当于总数的16%[55]。

对ICDPs持反对意见的保护专家认为，发展与保护的要求不可能同时满足，将两者混在一起不会取得很好的效果，该模式是以经济利益来吸引社区居民参与和支持保护，一旦社区居民发现更好的利益获取方式后就会转变态度[56-57]。这些项目都是由保护机构所组织，而不是原居民；项目的设计和运作都是由保护者负责，而不是原居民；资助者提供资金给保护机构以发展原居民社

❶ 筛选标准是：1993~2007年间；将生物多样性作为主题；有可用的实施成果报告；将环境和贫穷缓解作为目标。

区的项目，在保护机构内部形成很小的部门来实施这一计划。因此，原居民实际并没有亲自设计与开展他们的项目，都是由保护专家主导，而保护专家往往并不擅长在经济与社会领域进行社区工作[58]。

需要承认，保护专家与地方政府、当地社区等多方利益相关者之间的充分交流是有利的，但这不仅是保护专家以救世主的姿态来到当地社区居民中进行短期匆忙的"关注弱势群体"实践工作，更重要的是要建立起以当地社区居民为主导的长效治理机制。

6.4.3　替代途径特征

通过对来自多方面社区自组织治理成功案例的描述和条件分析，比对我国风景区社区的现实状况，明显的差异决定了不可能直接照搬上述自组织治理的成功模式，对当地社区过早完全放权。国际保护组织开展社区援助项目的经验教训也表明，过度依赖"保姆式"的外部援助和管制也并非是通向成功的有效途径。因此，当前风景区社区政策所采取的替代途径，是要一方面控制当前对风景区社区价值的瞬时性破坏局势，另一方面为实现社区自组织治理创造必要的条件（图6-9）。

需要强调替代途径所具有的几个特征。

仍然需要依托层级治理途径，在对市场的依赖性方面逐步减弱。一方面风景区社区价值体系中仍然包含作为纯公共物品和市场型物品的价值类型，对这部分价值的管理需要采取上述两类途径；另一方面，在自组织治理条件尚不充分的现阶段，层级治理依然是保证重要价值不遭到短时破坏的重要保障。

通过谨慎温和的外部手段引发社区内部机制的自我运转。尽

图6-9 替代途径与社区自组织的关系图

管层级治理途径仍然在现实途径中占有较大的比重，但其政策的制定和实施应更多考虑与社区成员的互动关系，更多考虑政策对"人"的影响而不是对"空间要素"的影响。

治理途径随时间的动态性选择。对比我国传统自组织治理案例和奥斯特罗姆案例，在社区自定规则方面，要么通过精细的制度设计，要么通过社区所具有的充足社会资本，两者可以起到互相补充的作用，当然更贴近现实的状况可能是两者兼有。而在当前风景区社区社会资本缺乏的情况下，治理可能更多需要借助精细的制度设计，同时注重社会资本的培育，在后期新的社会资本形成，则可逐步放宽政策。此外，社区资源占用与供给知识的形成也同样需要时间，也要将其纳入治理途径选择的考虑。

作为外部作用主要施加者的风景区管理局在社区方面的工作重点可能包括：确立资源使用的边界，即控制社区成员的数量并保持其较低的流动性，确定旅游服务就业资源的供需平衡等；鼓励、帮助或授权社区参与制定相关管理政策；前期承担相关规则的第三方监督惩罚者角色，后期可由社区成员自组织进行；为社区成员获得新的资源占用和供给知识提供广泛的平台和途径等。

替代治理途径是基于现实状况尚不能满足理想的自组织治理而做出的阶段性和过渡性方案，在我国当前的治理环境下，其实施还需避免从"精英治理"走向"精英谋利"。不管过去还是当前，我国集体自组织治理中都很大程度包含精英治理的成分，精英的社会号召力、思想境界和能力水平的高低直接关系到治理途径的有效性。然而，精英在谋求集体共同利益的同时，也不可避免地带入个人的利益追求，引发了当前频频出现的"精英谋利"现象。精英利用自身的权力和资源优势，将社区团体的利益集中到自己手中，进一步激化社会矛盾，影响社会稳定。很多风景区出现了地方政府打着带动地方经济发展的旗号，突破风景区资源利用的限制进行商业开发，大部分收益落入个别开发商手中的现象，导致社区居民对政府和外来专家的不信任，引发了恶劣的社会影响[59]。台湾地区20多年的社区营造运动证实了学者知识分子精英和第三团体机构在推动营造过程、带动当地居民方面发挥的重要作用[60]。社区工作者一方面要具有企业家的精神与能力，善于灵活运用社区的各项资本优势获得利益；另一方面要具有正当的环境伦理观念和较高的遗产保护意识；同时还要比企业家超脱，在当地居民建立起主动性之后舍得将自主权还给社区，这可能就是自组织治理精英需要具有的素质。

6.5　小结

本章基于社区价值体系，运用治理理论，分析风景区社区规划政策所体现的治理途径及其效果。

首先以风景区社区价值体系为框架分析风景区社区的公共属性特征，认为对于不同类型的价值主体来说，社区的公共属性不同，包括纯公共物品、市场性物品和介于两者之间的半公共物品三大类，并进一步探讨风景区社区资源配置的理想状态是具有可持续性、公平性和有效性。

接下来通过分别分析当前风景区社区主要规划政策的制定和实施过程，考察其体现的社区治理途径，为过度依靠市场的层级治理途径，并分析了这一现有途径在实现半公共物品资源配置的可持续性、公平性和有效性方面存在的问题。

在集体行动制度和我国传统公共资源治理案例的启示下，提出采用依靠自组织治理途径的假设。随后，通过我国当前针对普遍的乡村和城市社区进行的自组织研究，进一步明确自组织治理在风景区社区的可行性和实现自组织的若干必要条件。

最后，将现阶段我国风景区社区的现状与理想自组织治理实现条件进行比较，发现存在较大的差异，在此基础上提出了当前基于我国现实状况的替代性途径。

第 7 章

基于多重价值识别的
风景区社区规划优化

　　前文通过风景区社区价值体系的分析，识别出当前风景区社区规划政策存在忽视社区研究价值和需求性价值的问题，以及以消除社区与风景区价值之间威胁关系为目标的总体特征。而对当前主要社区规划政策治理途径的分析，又发现现有政策过度依赖市场途径从而缺乏有效性的问题，并探讨了在治理层面的解决思路。本章则基于上面的相关研究结论，探讨风景区社区规划的具体优化方案。分为规划目标与特点、规划内容、规划环节等几个方面，最后思考作为风景区总体规划专项的社区规划与其他相关规划的关系。

7.1　规划目标与特点

7.1.1　规划目标

　　由于位于风景区范围以内，风景区社区的规划应当以不影响风景区重要价值的保护为前提。同时，社区规划应以社区价值体系为基础，体系中所包含的多种功能和需求关系应能够和谐与均衡。此外，由于社区自组织治理途径的优势和潜力，社区规划还要为实现自组织治理创造条件。因此，社区规划的总体目标是在不影响风景区价值保护的前提下，实现社区价值体系的合理延续并为社区自组织创造条件。

　　1. 不影响风景区价值保护

　　毫无疑问，风景区也包含研究、选择、游憩、经济和生活等多种类型价值，风景资源在研究、选择和游赏等方面的稀缺性往往更大，具有国家级乃至世界级的重要意义。

　　风景区社区价值与风景区价值之间存在密切联系，根据第4章的分析，社区价值对风景区价值有强化、不影响和减弱等三种类型的作用力。社区规划应将作用力限制在强化和不影响风景区价值两种状况内。一方面保护能构成或支持风景区价值的社区研究价值、精神价值、选择价值和环境价值；另一方面，通过有效的手段控制社区生活价值、经济价值、游憩价值的实现途径和规模，使其与风景区价值保持在相容的状态，而不威胁风景区价值的保护。

　　2. 合理延续社区价值体系

　　风景区社区是风景区最早的"看守者"，社区居民长期的生产生活实践为风景区的自然资源增添了丰富的人文内涵。失去社区的风景区意味着深厚人文内涵的消逝；失去原居民的风景区社区将沦为单纯的商业化旅游服务基地，面临着旅游旺季人声鼎沸、旅游淡季人烟稀少的窘境。

社区价值体系的延续并不单纯意味着保护社区的研究和选择价值。

首先，社区满足当地居民的基本生活和经济需求古已有之，这部分价值应以妥善的方法得到延续。社区研究价值的形成很大程度上得益于历史上社区基本生活和经济需求的满足方式，延续这部分价值有助于保持研究价值的生命力和活力。因此，规划应妥善看待社区的基本生活和经济功能，尤其是对于风景区原居民而言。风景区社区的居民与其他居民一样，都拥有发展的权利和需求。尽管风景区保护对这一发展带来一定限制，但同时也为社区走可持续发展之路提供了很大机遇，例如风景资源的保护和管理工作带来对人力资源的需求，风景区旅游事业对服务设施和人员的需求，风景区自然条件为社区居民提供优越的环境和游憩机会，景区道路交通等基础设施的完善为居民生活提供便利等。社区规划应充分利用这些优势和机遇，为居民发展妥善寻找出路，实现社区居民在住房、收入、交通、社会保障等各方面的发展，优化其生活和经济价值。当然，不得不承认，当前很多风景区社区居民在经济方面似乎永不满足的状况是社区规划政策的一大挑战。

按照马斯洛的需求层次理论，当社区居民的各项生活条件和经济收入已经达到基本满足标准时，将会产生休闲游憩、文化发展等更高层次的精神需求。此外，随着全球环境恶化，人们对居所的自然环境质量也更为敏感。这些新的需求有可能增加风景区负担，例如居民游憩需求上升带来景区游憩压力等，但更可预见的是居民地区自豪感的上升和环境保护意识的提高，促使社区在风景区保护管理中发挥更加积极的作用。因此，社区规划应当合理预测并积极引导社区在精神、游憩和环境等方面的需求，并将其转化为妥善管理风景区及社区的重要动力。

3. 为社区自组织创造条件

上一章已经提到，在解决当前风景区社区政策治理途径所产生的问题方面，自组织治理具有优势和潜力。另外，实现社区自组织所需要的丰富社会资本和生态知识对于社区价值的存续也具有积极的意义。因此，社区规划可以通过制定相关政策促进社区形成自组织的必要条件，继而改变当前过度依赖外部旅游市场的治理现状。随着各项条件的成熟，社区规划政策在控制手段和控制力度等方面也将发生变化。

7.1.2 规划特点

与以往的社区规划政策相比，以多重价值为导向的风景区社区规划具有如下几个特点。

首先，在认识层面，以风景区社区多重价值的认知为政策制定的起点，并将其纳入风景区总体价值框架中。以往社区政策制定的起点是社区价值对风景区造成的威胁，忽视了社区研究价值和需求性价值的评估。从而使规划政策有可能破坏社区潜在的重要价值，从而影响风景区价值的完整性，另外还会引起社区居民的强烈抵触情绪，阻碍规划政策的实施。

其次，在处理威胁关系的思路方面，首先考虑威胁关系转化为相容关系的可能性。以往社区政策意在将产生威胁关系的那部分社区价值消除，规划内容以各种限制和整治政策为主[1]。这种"一刀切"的处理方式一方面加大了政策实施成本，另一方面容易引起社区价值的遗失和社会矛盾的激化。当前风景区社区确实需要采取一定程度的硬性控制手段，如社区搬迁和风貌整治，但应当建立在细致深入的研究基础上，以户甚至是以单栋建筑为单位，制定具有针对性的政策。

第三，在规划方法方面，重视非物质空间层面的调控，灵活运用软性规划手段。以往风景区规划主要关注社区的建设规模、建设风貌以及各项基础设施的配置，对社区在经济、游憩、精神、环境、文化教育等方面的需求缺乏考虑。注意到物质空间层面各要素的变化往往是由社区居民的生产生活方式和思维模式所决定的，仅依靠"治标不治本"的问题处理思路并不能很好地解决社区面临的各种问题。居民的精神境界、知识储备、就业技能和社会凝聚力等"看不见"的软性要素对社区规划政策的实施有很大的促进作用。

第四，规划政策的多样性和灵活性。制定规划政策时应将社区所处的发展阶段和认识水平纳入考虑，尤其在考察社区当前需求和是否具备自组织条件方面。传统规划政策对社区的管理多以自上而下的单一外部控制手段为主，难以完全符合不同社区的不同状况，从而引发政策实施过程强硬、居民利益折损或利益分配不均等问题，引起社会矛盾。另外，由于社区重新获得生态知识和社会资本需要一定的时间，规划政策需要始终保有灵活性，根据不同的发展阶段和现实条件及时进行政策调整，并逐步增加社区自组织治理的外部认可。

第五，解决问题视野的扩大。在管理机构方面，以往社区规划内容多局限于风景区管理局所起的作用，而社区的多管理主体现状意味着多机构协调工作的重要性；在规划文件方面，风景区规划与其他规划和战略的关系需要理顺，在规划政策中明确这一关系并协调相关内容非常重要；在空间范围方面，当前社区人口流动范围扩大、速度加快，社区生产生活所依赖的各项资源空间配置更具灵活性，仅局限在风景区范围内的规划视野已不足以解决社区面临的各种问题。

7.2　主要规划内容

以多重价值为导向的风景区社区规划应当在如下四个方面对原有规划内容进行优化：一是增加社区价值体系评估和相关的保护内容，二是改进分析社区关键问题的思路，三是以控制瞬时性价值破坏为主要目标的物质空间层面规划，四是以延续社区价值体系和培育社区自组织治理能力为目标的非物质空间层面政策。

7.2.1　社区价值体系评估

对风景区社区价值体系的全面认知与合理评估是社区规划的首要内容，这一工作需要充分掌握社区历史与现状，广泛收集居民等利益相关者意见，并对社区的未来需求和发展趋势有合理预判。本书在第4章分析研究了风景区社区价值体系的基本框架、评价指标和评估方法，但不同的风景区、不同的社区其价值体系的结构往往不尽相同，应在前期调研阶段注意发掘每个风景区社区的特殊性和关键线索，例如本书在第5章五台山台怀镇社区价值认知论述时以"僧民关系"为线索，在第8章将论述九寨沟社区价值认知时则以社区社会经济演变为线索。

鉴于当前社区政策对价值的忽视，社区价值体系评估应当以研究价值为起点，并评价其是否是风景区价值的组成部分，从而判断风景区社区存在的必要性，为进一步的社区搬迁等政策提供依据。另外，由于不同价值之间往往存在矛盾，需要确立价值保护的优先度。优先度可以从重要性和脆弱性两个方面来判断。重要性用来表示价值的影响力，可以从稀有性、典型性、真实性、完整性、多样性等多个角度进行考察，最常见的是按照影响范围划分为世界级、国家级和地方级；脆弱性用来表示该类价值保护的难易程度，具有脆弱性的价值应有较高的保护优先度。

社区价值对风景区的威胁是另一个工作重点。通过价值评估确定对风景区造成威胁的价值类型及根源，从而有助于后续针对威胁关系制定政策。这一过程中分析威胁关系产生的根源较为重要，例如在五台山台怀镇案例中，社区生活和游憩价值威胁风景区保护的根源是社区居民和经营者对经济利益的不断追求，如果不转变他们一味追逐经济利益的原始意图，仅针对社区生活和游憩功能进行政策调整难以达到满意的效果。

还应重视对社区当前和未来需求性价值的评估。对于有必要继续存在的风景区社区来说，其合理的发展需求应当在规划中予以满足，对于需要搬迁的社区来说，更应针对其需求进行妥善安排。

7.2.2　社区关键问题分析

对社区关键问题的分析主要来自价值体系外部和内部两方面。

从外部而言，重点考察哪些社区价值对风景区价值造成了威胁。当前社区政策主要关注社区生活和游憩功能带来的威胁，但通过前文的分析，引起上述威胁的根源是对经济利益的不断追逐，这有可能是当前大部分承担了旅游服务功能的风景区社区普遍面临的一个关键问题。

从内部而言，可以将风景区社区的价值体系看作一台结构复杂的机器，机器各个构件就是不同类型的价值，如同机器能够良好运转的条件是各构件自身的完好以及构件之间的良好协作，社区价值体系的合理存续意味着各类型价值所体现的多种功能的实现和需求的满足，以及不同功能需求之间和谐均衡的相互关系。从这一角度出发，关键问题的分析就是寻找影响社区价值体系良好运转的因素。当社区的某种功能难以实现，或者社区某方面的需求难以满足时，需要将其置入整体社区价值体系中加以审视，寻找根源。

在对社区关键问题进行分析之后，有针对性地制定社区规划政策，重点考虑威胁关系的转化或消除、社区研究性价值的保护、社区各项需求的满足等。最终实现风景区社区对风景区的积极促进作用和价值体系自身的有机演化。

在当前威胁关系较为严重、社区自组织能力尚不充分的条件下，仍需继续对社区物质空间进行硬性的外部控制，与现有政策相比，需要在细致程度和控制力度方面有所优化。同时强化针对社区非物质空间的软性规划手段，实现社区研究价值的保护、需求价值的合理满足和自组织条件的培育。

7.2.3　物质空间层面政策

应当注意到，大多数风景区社区的空间形态并未经过预先规划，而是居民在长期生产生活实践中，通过不断地自发建构与重构逐步演化而成。社区物质空间层面的规划政策应当尊重来自社区内部的力量，并正视动态性特征，一方面不过度干预社区的建设和风貌，另一方面也要抛弃"博物馆式""化石式"的观念。

变化的动因和速率需要重视。一般认为来自社区内部的、缓慢的演变才是合理的。快速城市化和旅游业发展、观念和技术进步等多种外部要素改变了社区空间形态的演化速率，社区面貌在较短时间内发生了较大变化。这种外部诱发的过速变化并非社区演变的常态，而是受过度追逐经济效益的短视观念的不良影响。在观念得到有效审视与纠正之前，有必要对社区物质空间采取硬性的控制手段，避免重要的社区价值在瞬时遭到毁灭性破坏。

具体控制内容主要包括社区建设规模与分布、社区用地方向与规划布局、社区建设风貌、社区能源利用、基础设施建设等方面。此外，建设规模与人口规模息息相关，当前风景区社区的人口政策应通过合理的限制政策将有权占用风景区社区共同利益的社会成员限定在相对稳定的人群范围内，有利于成员之间建立基于认同和信任的紧密社会网络。

制定物质空间层面的政策应当遵循三个原则。

1）最小干预原则。尽管初衷是抵御外来冲击，但规划政策本身也属于外部控制手段，应当避免社区政策在纠正外来冲击的不良影响时因为用力过猛而产生反效果。作为社区内生抵御力量尚未成熟之前的阶段性过渡手段，社区规划需要选择最低程度的干预手段，控制社区建设规模和风貌不产生剧烈变化。在面临外部文化强势介入或旅游需求量骤增的状况时，有效抵御各种仓促建设，如商业文化影响下过度符号化的建筑装饰、私搭乱建的构筑物等。

2）可逆性原则。来自社区成员内部的动力才是被鼓励的社区物质空间演变模式，这一假设的前提是社区具备充足的资源占用与供给知识、丰富的社会资本和文化积淀，否则社区并不能敏锐意识到其建设行为、能源利用方式和设施建设需求会给风景区带来何种程度的影响。当前的外部控制手段应该具有可逆的特征，为社区自身条件成熟后掌握主动权提供修正的可能性。

3）灵活性原则。政策制定应当为社区成员的参与提供足够的空间与灵活度，避免抹杀当前阶段社区内生力量发挥作用的可能性。可以通过社区居民提交建设申请书、管理机构酌情进行审批的模式避免社区建设的"一刀切"问题。

7.2.4　非物质空间层面政策

聚居空间与其中发生的人类活动息息相关，以往的研究与实践往往把空间视作并无价值判断的容器，而忽视了社会、政治、经济关系对空间的塑造作用[2]。随着国外空间研究对社会经济关系等问题的重视，城市规划领域也逐渐发生变化，更重视运用软性规划手段影响区域的社会经济要素。而在风景区规划领域，误区仍然存在，具体表现为社区规划中"见物不见人"的政策制定趋势。

历史上风景区社区价值体系的生成与良好运转是基于社区居民在适应自然环境条件时进行的各种物质和精神实践活动。当面临来自外界的急速巨变时，旧的知识、方法与技术突然失效，新的知识、方法与技术尚未形成，使社区价值体系陷入困境。在以硬性手段抵御短时毁灭性破坏的同时，更重要的是制定引导政策和保障制度促进社区居民新知识、方法、技术以及社会网络关系的形成，以恢复社区价值体系的稳步演化进程和社区自组织能力，继而推动物质空间要素的变化。

制定引导政策需要基于对当前情势的准确认知和对未来发展的前瞻把握，对社区的生产生活方式、文化教育水平、思想价值观念等进行温和的外部引导。主要内容可能涉及社区经济产业、居民就业、社区能力建设、文化教育和其他一系列有助于增进社会成员交流或交往的活动等。

合理的保障制度是硬性控制政策和软性引导政策能够有效实施的关键，在当前社区自组织能力不足的情况下，一方面承担规范居民行为的外部责任，另一方面逐步为社区重获自组织能力提供足够的空间和有效的助力。制度设计可能涉及社区经营和社区管理两个方面，有时还需具体针对个别规划政策的实施设置相应的保障制度，例如社区住宅修缮审批制度、社区纪念品销售摊位的分配制度等。制度设计的过程还应为社区居民之间增进交流与信任提供平台。

7.3　关键规划环节

一般来讲，风景区社区规划的编制工作应与风景区总体规划

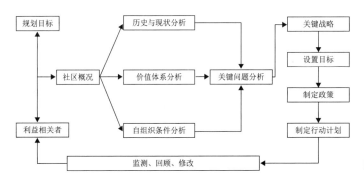

图 7-1 规划过程流程图

同步。前期现状调查和利益相关者访谈可单独进行；在价值体系的分析评估阶段，则需结合风景区的景源识别与评价，确立与社区关系密切的景源，同时考虑风景区的保护、旅游和设施建设等方面的政策给社区带来的限制或机遇，基于此进行社区关键问题分析；在决策与政策制定阶段，则要兼顾与风景区总体规划结构、风景区保护、旅游管理、基础设施等规划内容的协调关系，例如社区游憩价值与风景区旅游管理的关系、社区生活价值与风景区基础设施建设的关系等；最后制定分期规划政策与近期行动计划。

由于社区规划政策具有动态性、灵活性和较大的社区自主性，一方面能够充分调动社区的主观能动性，另一方面也需要承担较大的风险。而通过建立健全的规划监测体系能帮助管理者准确掌握风景区社区状况，并及时做出调整，以有效降低上述风险。监测指标的设置应能全面反映社区价值体系状况、与风景区关系和社区当前的自组织条件等方面内容（图 7-1）。

由于风景区社区价值体系的复杂性和价值主体的多样性，如何协调不同价值观念并进行合理规划决策是比较关键的问题，其中多方案比较和公众参与是有效解决问题的途径，下面将进行分别阐述。

7.3.1　多方案比较

在现实状况下，往往不只一条途径可以解决问题，不同途径会给决策对象带来不同影响。对拥有高敏感性和重要性的风景区来说，决策失误有可能引起珍贵资源和遗产的永久性破坏。为规避类似的风险，美国在制定国家公园总体管理规划的过程中往往加入多方案比较环节，以有效减少决策失误。

美国在实行《国家环境政策法》后开始重视规划方案的环境影响评价，并在前期规划制定阶段就将影响评价的内容纳入考虑范围。在规划政策制定之前，首先提出可以实现规划目标的多种不同方案，对各方案符合目标的程度、社会经济方面的可行性、对资源或其他限制因素造成的影响、实施费用等进行预测与评价，选出最优方案。在确立多方案时往往会加入一个不作为方案（no action），当作其他方案比较的基础数据。不同方案的形成过程、政策内容、比选和淘汰过程都会形成清晰的报告书，供社会公众和相关决策者进行监督和审查[3]。

多方案比较是综合不同利益相关者意见、实现广泛公众参与的有效途径。对风景区社区规划来说，这一环节在平衡矛盾的同时，还可以给社区居民提供了解规划目标、规划过程和影响规划政策的机会。多方案比较可在确立有争议的规划政策时运用，在实施步骤和评估方法上比较灵活，本书在下一章九寨沟社区规划案例检验时尝试采用了多方案比较的方法解决居民居住用地不足的问题，取得一定成效。

7.3.2　公众参与

社区是风景区内社会经济要素分布最密集的区域，也是最容易产生利益冲突的区域，规划过程应有充分的利益相关者参与和公众咨询。风景区管理局作为社区规划的编制方，应当负责确定公众参与者范围及参与形式，并具体组织相关活动。

源自社会公众自我意识的觉醒和对自我权利的要求，公共参与在20世纪60年代中期的西方城市规划领域获得广泛关注，以解决规划师在规划决策时面临的多重选择问题，同时也与西方国家探讨由政府管制（government）走向治理（governance）的政治途径转型有着密切关系。公众参与者的范围主要有社区参与和非营利性组织参与两大类[4]。20世纪90年代初，公众参与引入我国城市规划领域，到目前尚处在对概念的表象化理解、实践中的形式化运用和难以形成最终结论的阶段[5-6]。

美国于1970年颁布实施《国家环境政策法》，首次将公共参与引入环境影响评价（下文简称"环评"）政策。该法案规定了需要实施公共参与的项目，主要包括具有重大影响的立法和其他重要的联邦行动；参与者的范围十分广泛，包括拥有法定职能或专门知识的联邦机构、制定和实施环境标准的联邦和地方机构、印第安人部落、项目申请人、项目反对方、其他有利益关系的组织和个人等。美国环评中公众参与介入时间较早，从而增强了公众在评价过程中的发言权[7]。继美国之后，英国也在1988年通过规划条例规定，可能造成较大环境影响的项目必须有公众参与[8]。我国环评引入公众参与时间不长，在参与者范围和参与环节方面均存在不足，影响了公众在环评项目中的影响力[9]。

当前世界多个国家的保护地管理都广泛涉及公众参与的内容。美国世界遗产地采取公众参与和合作管理的路径，在处理与印第安部落的关系时，与当地社区在解说项目、价值识别和资源共享方面展开合作[10]。悠久的土著文化是澳大利亚保护地社区的主要特征，国家通过法律规定保护地中土著居民的参与过程，在世界遗产地专设咨询委员会代表土著居民的权益，每年定期向政府提供意见和建议[11]。新西兰保护区制度中通过严格的制度程序和部门组织，实现原住民、各类民间组织和协会、感兴趣的个人或团体等的参与，并在对毛利人文化及价值的认识、公众的环境教育等方面不断发展成熟[12]。日本的世界遗产地则广泛开展公众意见征集、地方住民讲说会等多种形式的信息公开与公众参与活动[13]。

不同的利益相关者对规划的参与程度不同，进而对规划政策的影响力也不同。Harris认为利益相关者的参与一般有五种途径：开放性对话、有限性对话、咨询、信息收集和信息给予，每种途径影响决策的程度存在差异[14]（表7-1）。

利益相关者参与方式及特征　　　　表7-1

影响级别	参与方式	特征
1	开放性对话（open dialogue）	利益相关者共同决策
2	有限性对话（bounded dialogue）	利益相关者紧密并明确地影响决策
3	咨询	利益相关者仅产生有限的影响
4	信息收集	利益相关者仅为形成决策提供信息（不影响决策）
5	信息给予	决策已经形成，利益相关者有机会提意见反馈

资料来源：翻译自参考文献[14]。

对我国的风景区来说，除了风景区管理局，社区规划的利益相关者主要包括各级政府机构、非政府机构和民间社团、社区居民团体、相关商业机构、专业咨询机构和研究专家、景区游客等，其对风景区规划的可能参与程度详见表7-2。

可能的利益相关者及其参与程度   表7-2

大类	小类	参与程度
中央政府机构	住房和城乡建设部	1开放性对话
	林业部	2有限性对话
	农垦总局	2有限性对话
	文物局	1开放性对话
地方政府机构	省、自治区、直辖市级人民政府	2有限性对话
	县级人民政府	1开放性对话
	乡镇级人民政府	1开放性对话
非政府组织	佛教（道教）协会	3咨询
	旅游协会	4信息收集
	户外运动社团	4信息收集
	慈善机构	4信息收集
	书画社	3咨询
社区居民和社团	村集体代表	2有限性对话
	居民代表	2有限性对话
	专业技术协会	3咨询
	社会公共事务社团	3咨询
	文化社团	3咨询
	宗族组织	3咨询
	宗教组织	3咨询

续表

大类	小类	参与程度
商业机构	地产开发商	4信息收集
	公共交通运营公司	4信息收集
	旅游策划营销公司	4信息收集
	旅行社	4信息收集
专业咨询机构和专家	高校	3咨询
	专家团体	3咨询
	科研机构	3咨询
景区游客	—	4信息收集
其他有兴趣社会团体和个人	—	5信息给予

尽管在规划过程中融入公众咨询可能会拖延规划进度，但公众越早、越广泛地参与，越能增强规划政策的可操作性和有效性。例如，英国峰区国家公园（Peak District）内某社区在编制设计声明时，进行了前后历时约4年的公众咨询（表7-3）。

英国某社区声明的公众咨询进度表　　　　　表7-3

时间	事件
2000年5月	教区委员会当地组织和社区代表会议
2000年6～12月	相关主题调查问卷：一份给房屋业主，一份给游客。三次在当地夏日秀的展示。三次全天的村庄特征工作会议

时间	事件
2000年11月	提交用于咨询的临时报告,关注当地背景和问题。将临时报告发放给当地管理机构、城市委员会、教区委员会、规划办公室、相关地方团体和个人;每个步骤都在不同场合如酒吧、学校操场等进行讨论和个人谈话;举办会议,与城市委员会和国家公园的规划部门官员进行讨论
2002年10月	针对草案进行公众咨询,在教区委员会、图书馆和村庄大厅进行展览,从中得到的评论用于下一轮修改
2003年3月	城市委员会北区陪审团通过修改版的文件
2003年4月	区域规划委员会对文件进行公众咨询
2003年10月	文件被接受作为地方的补充性规划文件
2004年1月	文件开始生效
2004年2月	正式采纳

资料来源:翻译自参考文献[15]。

风景区社区规划中的公众参与应当贯穿前期调研、中期评估、后期决策全过程。应在社区价值体系分析与评估阶段进行社区居民参与,在规划政策制定阶段进行规划方案公示并组织面向当地居民的讲说会,在决策阶段进行广泛的意见征询等。这一过程不仅利于增强规划方案的合理性,对于当地居民和更广泛的社会公众来说,也是一次对风景区社区价值的解说教育机会,有助于改善当前我国公众参与中参与意识不强的问题。

7.4　与其他政策的关系

风景区规划以风景资源保护与管理为首要目标,社区规划作为其中的一个专项规划,也应服务于上述首要目标,因此规划内容往往不能涵盖社区的方方面面。如社区的基础设施建设、社区居民的社会福利和劳动保险等具体问题还需要在其他规划政策中解决。有必要厘清风景区社区规划与其他相关规划之间的关系和自身定位，有时还需对与已有规划不符的规划内容做出解释说明。

英国国家公园在这一方面的状况与我国类似，除了公园管理规划，公园内社区还涉及多种规划政策文件。这些文件可以大致分为物质空间层面的控制和社会经济层面的战略两大部分。物质空间控制政策主要是针对建筑和公共空间等的设计指南（design guide）和针对具体地段的设计声明（design statement）。社会经济战略政策常见的有可支付性住房需求战略、能源的可再生性与保护战略、农业发展战略等（图7-2）。

在英国，风景区管理规划属于区域政策（regional policy），对地方政策（local policy）来说是上位规划，具有指导作用。区域和地方政策及规划战略均应与国家公园管理规划的内容相协调（图7-3）。

在我国，与风景区社区相关的其他规划文件主要来自三个方面：一是《城乡规划法》中规定的规划体系；二是其他保护地类型所要求的规划文件；三是众多的专项规划文件。下面将分别进行论述。

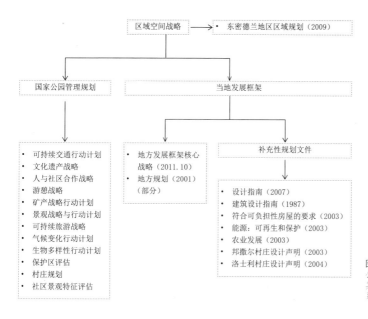

图 7-2 英国峰区国家公园管理规划文件与其他相关规划相互关系分析图

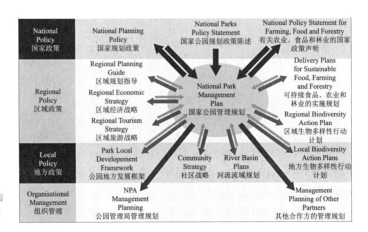

图 7-3 英国国家公园
规划定位（图片来源：
引自参考文献[15]）

7.4.1　与法定规划体系的关系

我国《城乡规划法》中规定了"城镇体系－城市－镇－乡－村庄"的规划层级，规划范围是上述行政区内的建成区和因建设发展需要而应进行控制的区域，并在规划实施中肯定了风景区规划的法律地位❶。因此，风景区总体规划与城乡规划体系中的地方规划拥有共同的法律基础。

从审批单位的角度，国家级风景区总体规划由省、自治区、直辖市人民政府审查后，报国务院审批❷。而城乡规划体系中，由国务院审批的规划包括全国和省域城镇体系规划、直辖市城市总体规划以及省、自治区人民政府所在地的城市总体规划。因此，一般来说，国家级重点风景区的总体规划与其所在地的城市、镇、乡、村庄规划相比，具有上位规划的地位，风景区社区在编制总体规划和详细规划时，应当参考风景区总体规划的内容。

7.4.2　与其他保护地规划的关系

我国很多风景区同时还是自然保护区、地质公园、森林公园等其他类型的保护地，由于各种保护地的管理目标不同，可能会制定很多不同的规划文件。在上述类型的保护地中，只有风景区和自然保护区是由国家颁布法律条例进行保护与管理的，因此风景区和自然保护区的总体规划在重要性上居于首位，其他类型保护地的规划均需符合上述两个总体规划的要求。❸

与《风景区条例》相比，《自然保护区条例》更强调自然保护区管理的技术规范和标准，对编制自然保护区总体规划强制性不

❶ 参见《中华人民共和国城乡规划法》第三十二条。

❷ 参见《风景名胜区条例》第十九条。

❸ 随着我国自然保护地体系改革的不断推进，这一状况未来会发生大的变化。

高，仅规定"管理机构应组织编制自然保护区的建设规划"❶。在编制风景区规划政策时应当考虑统筹自然保护区管理的各项政策要求，与自然保护区规划相协调，实现两个类型保护地管理目标的统一❷。

7.4.3　与其他专项规划的关系

根据社区的具体发展需求，相关职能部门会针对特定时间段或特定问题，制定专项规划，这些规划属于风景区规划的下位规划，能够具体落实风景区的各项战略和政策。在规划编制时需将风景区规划列为规划依据，不应违背风景区规划的内容。

以九寨沟风景区为例，与其内社区相关的规划政策❸见表7-4。社区为行政村级别，隶属九寨沟县漳扎镇，为方便统筹风景区资源，沟内的三个行政村划归风景区管理局代管，位于沟外但仍位于风景区范围内的其他村庄仍归漳扎镇政府管辖。因此城乡规划体系下对风景区社区有影响的规划包括：漳扎镇规划及其村庄规划；风景区同时又是自然保护区、森林公园、旅游区、国家地质公园，不同保护地拥有各自的规划；专项规划数量多、种类杂，针对具体时间段、具体事件和具体地段均有不同的规划文件。

❶ 参见《自然保护区条例》第十七条。

❷ 根据《条例》，新设立的风景区与自然保护区不得重合或者交叉；已设立的风景区与自然保护区重合或者交叉的，风景区规划与自然保护区规划应当相协调。

❸ 截止到2014年7月。

九寨沟风景区社区相关规划文件列表　　　　　　　　表7-4

城乡规划体系	保护地规划	专项规划
九寨沟县漳扎镇总体规划	自然保护区总体规划	九寨沟县"十二五"规划
漳扎镇控制性详细规划	九寨沟森林公园规划	四川省大九寨区域风景名胜总体规划 世界遗产九寨沟山地灾害治理与生态保护工程建设规划
九寨沟县漳扎镇自然村寨修建性详细规划	九寨沟旅游区总体规划	九寨沟灾后重建规划 精品旅游村改造规划
荷叶寨村寨规划（20世纪80或90年代）	九寨沟国家地质公园规划	九寨沟旅游恢复与发展规划 九寨沟风景名胜区近期建设规划——风貌整治规划（2006—2010）

续表

城乡规划体系	保护地规划	专项规划
行政村规划		四川省九寨沟风景名胜区近期建设规划（2011—2015）
		漳扎镇精品城镇总体规划详细规划
		扎如景区修建性详细规划
		九寨沟县城永丰及下较场新区控制性详细规划

资料来源：根据作者实地访谈调研结果整理。

7.5　小结

　　本章基于风景区社区价值体系，针对当前社区面临的问题和规划政策实施的局限，以合理延续社区价值体系并培养社区自组织条件为指导，对现有风景区规划中的社区专项规划进行了优化。需要强调的是，优化方案并非对原有规划内容和方法的颠覆性改变，而是针对部分规划内容和政策实施途径的优化细化。由于当前我国风景区社区所处的条件，来自外部的层级治理手段仍是现阶段重点依靠的途径。

　　在规划内容方面，研究强调增加相对独立的社区价值体系评估环节，并以价值延续为思路探讨社区关键问题；从促进社区自组织治理条件生成的角度进一步强调社区能力建设和社区参与等软性规划内容的重要性；另外，风景区社区在发展过程中，与风景区之间、与风景区之外的社区之间均不断进行着物质与精神交流，这部分相互关系的考虑应当纳入社区规划内容。

　　在政策实施途径方面，需要转换原有层级治理政策的"绝对主导"和"保姆式"思维惯式，应认识到对社区物质空间层面的硬性控制是在社区居民拥有自组织能力之前为防止社区重要价值遭到瞬时性破坏的"缓兵之计"，因此对建设规模、方式和风貌等的控制政策应当以最小干预、可逆性、灵活性为原则，而不是管理局或地方政府主导下的整合包装与美化。

　　由于我国风景区社区类型多样、状况差异性较大，在整体层面讨论社区规划的优化往往过度宽泛，因此下一章将以九寨沟风景区的社区规划为例进行具体实践检验。

第8章

案例研究：九寨沟风景区 社区规划

　　本章以九寨沟风景区为例，尝试综合运用所提出的社区价值体系评估方法与社区规划优化方案。笔者于2011年作为主要成员参与了九寨沟世界自然遗产地保护管理规划项目，并具体负责了社区规划的工作，为本书提供了极好的实践平台。而区别于第5章中的五台山台怀镇案例，九寨沟村寨的典型性在于能够代表当前依然还保有较高文化价值、旅游发展的影响正逐步增大的一类风景区社区。

　　九寨沟风景区位于四川省阿坝洲九寨沟县漳扎镇，1978年被国务院批准为自然保护区；1982年经国务院批准与其相邻的黄龙景区并称为国家重点风景；1984年1月风景区正式对外开放；1992年12月，被联合国教科文组织自然遗产委员会列入"世界自然遗产名录"；1994年7月林业部确认九寨沟为国家级自然保护区；1998年5月，联合国教科文组织和中国科学院为九寨沟颁发了"世界生物圈保护区"证书。

　　九寨沟古称中羊峒，又名翠海，因沟内有荷叶、树正、扎如、尖盘、黑角、则渣洼、郭都、亚纳和盘亚等九个藏族村寨而得名。沟内湖泊众多、分布密集，钙华水景是九寨沟观赏价值最高的景观。

8.1　社区基本状况

　　九寨沟风景区所在的漳扎镇位于九寨沟县西部，镇区1540km²，下辖13个行政村，有农民4981人，城镇人口约3000人。有耕地1602亩（1亩≈666.7m²），宾馆饭店93家，农家乐约54家。在2008年，全镇的人均收入为5958元，其中一、二、三产业的比重为10.3：4.9：84.8[1]。

　　本书的重点关注对象是位于九寨沟沟内的3个行政村（图8-1），分别为树正（包括树正寨、则渣洼寨、黑角寨）、荷叶（包括荷叶寨、盘亚寨、亚拉寨）和扎如（包括尖盘寨、热西寨、郭都寨）。受到区位交通等自然条件的限制，目前位于高海拔、区位偏远的几个村寨如尖盘寨和盘亚寨的房屋已经年久失修，居民数量较少，居民主要聚居在临近景区游览路线或景点的树正寨、荷叶寨、则渣洼寨和扎如寨。根据2011年九寨沟管理局提供的数据，沟内居民共计1183人，334户。其中藏族占90%以上，另有少量汉族、羌族。居民多为初中以上教育水平，宗教信仰一般为藏传佛教，但有明显苯教特征。

❶ 资料来源：http://www.108cun.com/37136-F7.html。

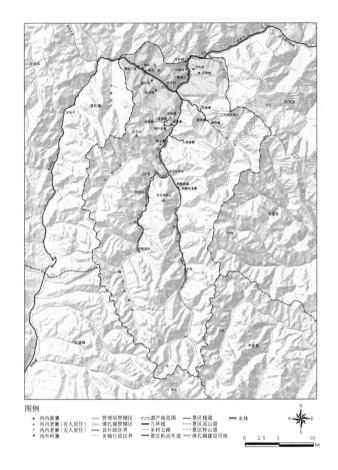

图例

- ● 沟内新寨
- ● 沟内老寨（有人居住）
- ● 沟内老寨（无人居住）
- ● 沟外村寨

管理局管辖区
漳扎镇管辖区
县行政区界
乡镇行政区界

遗产地范围
九环线
乡村公路
景区机动车道

景区栈道
景区巡山道
景区转山道
漳扎镇建设用地

水体

N
W E
S

0 2.5 5   10
km

图 8-1 九寨沟世界遗产地社区分布现状图

［引自：清华大学建筑学院景观学系编制的九寨沟世界自然遗产地保护管理规划大纲（内部资料）］

8.2 社区社会经济演变

对于九寨沟风景区社区的历史重点关注社会经济演化及其影响下的社区形态变迁，主要可以分为六个阶段。

8.2.1 自给自足的小农经济（1977年以前）

在被确立为保护地之前，九寨沟沟内社区与中国大多数农村地区一样，经历了保甲制度、土地改革、人民公社和土地集体所有制改革等历史阶段，居民主要从事农、林和畜牧业，社区居民为农村户口。小农经济发展模式使村庄具有自给自足的特性，村民、家庭、村庄的外界联系需求较少。社区以村庄为核心，以耕地为经济活动空间，形成了布局相对自由分散的传统村落风貌。

由于山区农地资源欠佳，农业生产均采用粗放式耕作，经济林种类也极为有限，仅有小规模苹果园，零星种植于居民的房前屋后。畜牧业主要用于提供农作畜力和农田肥料，畜牧产品数量较少，皮、毛、肉等产品主要为自用，仅有少量作为商品出售。由于低下的生产力水平和低强度的资源利用方式，沟内村庄虽然具有悠久的居住历史，但对九寨沟自然资源产生的影响很小，从而保证了世界级别的自然美景价值的完好保存。

藏族与传统文化影响下，村民的生活和宗教空间具有较为突出的地域特色：每个成熟村寨附近均设有固定的神圣点，供村民日常朝圣或祈福。由于村民还是习惯回原有的神圣点祈福，新寨选址往往距离原有村寨不远，待村寨规模发展成熟才会就近另辟神圣点。因此，九寨沟内村寨的选址并不完全自由随意，新村与老村之间存在一定的联系，在布局上有组团的趋势。传统民族宗教信仰中的自然崇拜还带给村民朴素的生态保护思想，也为沟内自然资源的保存提供了广泛的群众基础。

这一时期沟内有三个行政村、九个大一点的自然村寨，还包括扎依、日则、巴口、各洼、扎如、纳地和意地等小寨。大寨有几十户人家，小寨只有几户到十几户[1]。这些村寨在沟内自由散布，以户为单位建房，房屋具有浓郁的藏族建筑风格。

8.2.2 村民自主选择下小农经济和自由经营共存

1978年九寨沟成立自然保护区后禁止居民在沟内采伐森林。由于地区知名度的提升，陆续有游客前来，村民开始自发从事旅游经营活动，出现家庭旅馆和餐馆等服务设施。同时，沟内还利用原林场基地设有羊峒、诺日朗、日则三个接待点，共1000个床位[2]。

这一时期村民从小农经济模式向自由经营转化，九寨沟自然资源以旅游商品的形式进入市场，改变了社区经济模式和生产方式。由于两种经济模式产生较大的收入差异，导致旅游经营从业人员不断增多。

在物质空间形态上，旅游服务所需要的便利交通条件和游客服务需求引起村民从分散、小规模、偏远的村寨向靠近主要道路景点的村寨聚集，村寨开始走向集聚和较大规模。

8.2.3 管理局鼓励下小农经济向自由经营过渡（1985～1991年）

1984年成立风景区之后九寨沟作为景区正式开放旅游，沟内主要劳动力都从事旅游服务和景区管理工作。旅宿、餐饮、商业、民俗表演等是居民的主要经营活动，部分居民从事风景区维护、公交车营运、导游等工作，还有部分仍从事传统农耕。位于风景游赏区的居民收入水平远高于九寨沟县的平均水平。在靠近主要游览线路的村寨，如树正与荷叶寨，居民都建有较大面积的家庭旅馆[3]。

这一时期沟内的旅游经营活动开始由九寨沟风景区管理局进行统筹。由于此时管理局是有完全财政支持的行政事业单位，其对沟内的旅游经营活动主要进行外部监管和引导，并不直接参与。

1985年风景区总体规划制定了退耕还林政策，沟内居民不再拥有自主选择的权利，仍从事传统农耕工作的居民如果不转向旅游经营，就会成为剩余劳动力赋闲在家。总体规划还提出"沟内游，沟外住"的构想，考虑在沟外建设旅游镇，为沟内经营活动的外迁创造条件。

此阶段的居民自由经营方式也发生了变化。家庭旅馆和餐馆数量迅速增大，从而产生了恶性竞争，其建设经营陷入混乱的局面。为避免造成旅游经营收入下降和社会邻里矛盾激化等问题，1990年，树正寨有十户居民成立联营公司，居民以床位入股，从而实现居民旅游经营的自组织管理，可以认为这是九寨沟最早的旅游股份制经营[4]。

8.2.4　管理局参与下自由经营和联合经营共存（1992～1998年）

1992年九寨沟管理局从行政事业单位转型成为自收自支的事业单位，迫使管理局参与景区经营以获取管理经费。1992年以管理局为主导成立旅游股份公司，通过股份制形式参与当地居民的家庭旅馆和餐馆经营。住宿方面，由公司向每位家庭旅馆游客收取住宿费，年底按照居民参与经营的床位数量向居民分配收益；餐饮方面，由公司统一设立餐饮公司，下设四个分公司，其中三个分别位于树正、则渣洼和荷叶寨，将村寨居民的餐馆收归各个分公司，另外一个则设在诺日朗，由管理局负责经营[4]。这种股份制经营形式是在居民自发股份经营基础上的深化，管理局的参与在获取景区管理资金的同时，也进一步规范了居民的经营行为。这一时期的居民经营仍然具有一定的自主性，经营的收益大部分归居民所有。

由于经济模式已经完全转化为旅游经营，沟内村寨的布局不断变化。退耕还林的推力与旅游经营的拉力使位于偏远山区的村寨规模进一步萎缩：海拔较高的村寨居民由于交通不便开始向山下交通便利的村寨搬迁，或者在山下新建村寨。例如沟内的荷叶寨是由位于山坡较高处的尖盘、盘亚、沃诺（老荷叶）三寨的居民搬迁后形成；树正寨在其现在的位置规模不断扩张，并加入了由黑角寨搬迁而来的居民；则渣洼寨在原来老寨的基础上向北延伸了较大面积；扎如寨原名为热西寨，加入了由郭都寨搬迁而来的居民。

很多小型的村寨慢慢荒废直到消失，而则渣洼、树正、荷叶寨则由于区位优势，用地和建筑规模不断扩大，原有的传统建筑形式由于不适合新的产业方式逐渐被抛弃，同时旅游带来的外来文化也开始影响村寨的建筑风貌和居民的日常生活方式。

8.2.5　管理局主导下联合经营向集体经营过渡（1999~2003年）

由于意识到沟内家庭旅馆带来的环境污染和经营混乱等问题，1998年后，管理局进一步响应总体规划"沟内游，沟外住"的构想，陆续停止居民家庭旅馆的经营活动，并开始给居民发放基本生活保障补贴，以补偿其经济损失。1999年后，管理局进一步停止了居民的餐馆经营活动，开始统一经营景区内的所有餐馆，尽管统一了管理权，但经营收益仍采取按股分红的形式，其中沟内居民获得餐厅利润的77%，管理局获得23%。截至2001年，沟内所有的家庭旅馆和餐馆全部关闭。管理局扩大了诺日朗分公司餐馆的规模，建设了新诺日朗餐厅，由管理局对餐厅进行统一管理。尽管都是管理局与当地居民联合经营，与上一阶段相比，这一时期的经营形式产生了较大的变化：一是管理局开始主控联合经营的管理权，居民的家庭旅馆和餐厅经营均被停止；二是受益分配上由原来的按床位分配向更公平的分配标准转化，即使区位不具旅游经营优势的居民也能从基本生活保障和股份经营中获得收益[5]。

由于位于村寨内的家庭旅馆和餐馆经营被终止，这一时期旅游经营的主要空间由村寨内部转到村寨以外，这使村寨内的旅游服务设施规模大大缩小，居民的就业空间与居住空间趋于分离。同时基本生活补偿费从一定程度上缓解了居民之间的收入差距。

8.2.6　管理局管理下集体经营和自由经营共存（2003年至今）

诺日朗游客中心建立之后，景区内开始实行广泛的集体经营模式。管理局和沟内的所有居民在股份公司入股，居民占49%，管理局占51%。居民的旅游经营活动完全由管理局管理，在游客中心

的旅游商品售卖摊位和在重要景点的租衣照相摊位均由管理局负
责安排居民间的名额分配和轮换。近年来，沟内居民又开始利用
自家住宅进行一定规模的自由经营活动。树正和则渣洼共有约30
户居民将住房开放作为旅游纪念品销售点，在村寨内部还存在居
民私下经营家庭旅馆的现象❶。

居民就业大部分位于村寨外，带来通勤需求。因此沟内居民
更加趋向于住在道路两侧。而村寨内部存在的经营活动由于通勤
成本最小，其收入又是完全独立于集体经营模式之外，因此重新
带来了吸引力。由于市场竞争的问题，在参与这类经营的居民内
部又自发形成了类似行业协会的组织进行协调与统筹。

经历了上述六个发展阶段后，九寨沟社区有如下几个根本变
化：居民从农业人口变为非农人口，社区产业从农牧业转为旅游
服务业，社区形态从分散的较小规模转为聚集的较大规模，旅游
经营的主体从社区居民为主转为管理局为主。引起上述变化的作
用力可以归结为三个方面：来自管理局的层级治理、来自市场的
作用力和社区自组织力量。前两个作用力在影响程度和影响范围
上都占据绝对的优势，尤其是层级治理往往起到立竿见影的效
果。而第三个作用力相对微弱，例如在居民自由经营阶段发生了
恶性竞争之后，居民自发组建小规模的联合入股或者成立行业规
范协会以避免情势恶化，呈现出通过"示错-修正"过程进行自组
织治理的特征，但比起前两个治理途径，自组织在作用时间上显
示出明显的滞后性。

❶ 根据2014年冬季的调研数据，这类农家乐的价位在150元/位，远低于沟口旅游服务区的住宿价格。

8.3　社区价值体系评估

世界遗产委员会对九寨沟的评价为："因山林风光、喀斯特地
貌、108个海子及大量碳酸盐沉积物形成的美景而闻名。区域内有
不受外界干扰的多样森林生态系统，有数不清的湖泊和瀑布，水
质清澈优美、富含矿物。这些造就了卓越的自然美景。"

在风景区的价值体系中，九寨沟的价值主要体现在"翠海、
叠瀑、彩林、雪峰和藏情"五个方面，其中"奇特的水景"是风
景区的突出特征[6]。

由此可见，九寨沟的村寨并未被认为具有世界级别的重要价
值，但"藏情"作为"五绝"之一，具有国家级别的价值，是风
景区价值的重要组成部分。

上面的评估结果并不能体现九寨沟社区价值的全貌，更不能

充分反映社区面临的问题，继而指导社区规划政策的制定，因此，尚需对社区价值体系进行较全面的分析与评估。通过历史与现状分析，认为九寨沟风景区社区的价值体系主要有两个核心：一是少数民族与宗教文化影响下的居民生产生活实践，二是风景区管理局与当地社区之间的社会经济互动。

8.3.1 研究价值评估

九寨沟的传统村寨在历史上一直存在，同时也是这一地区命名为"九寨"的主要来源，对风景区来说具有不可替代的重要意义。

从自然背景、物质空间和社会文化三个方面考察九寨沟社区，进行特征分析和价值评估（表8-1），最终认为社区的研究价值主要体现在如下三个方面：一是受到以苯教和佛教为主导的传统文化影响，原住民将九寨沟视为神圣山水，并在其居住环境周围设立许多神圣地；二是九寨沟历史上形成的九处藏族村寨及历史遗迹，其选址、格局与木结构建筑反映了九寨沟原住民的历史和传统生活方式；三是九寨沟原住民的传统民俗或生活方式，在地方层面具有重要意义。

九寨沟社区研究价值评估（以树正寨为例）　　　　表8-1

要素	历史特征	现状特征	有无变化	变化原因
一、社区自然背景				
地理环境	位于河谷盆地单侧，背山面水，但不见水。社区基地坡度较缓，为10°～25°；围合山体坡度较陡，为30°～75°	无变化	无	—
土地利用	"上宅中场下磨"的格局，周围耕地牧场环绕，与村寨建设用地之间散布乔木，起视线遮挡的作用[7]	耕地牧场转为天然草场	有	风景区限制放牧和居民产业转型
景观格局	远山峰峦，近处山林，牧场环绕，村边水系，向空望景	与村边水系的关系有所割裂	有	景区主干道繁忙的交通和大量的游客到访

续表

要素	历史特征	现状特征	有无变化	变化原因
二、社区物质空间				
空间结构	根据河谷盆地的形状成内聚核型，建筑朝向大致统一，均面对水体	建筑密度不断加大，受空间限制，部分建筑不再朝向水体	有	居民人口增加
边界与入口	没有寨墙限制村寨边界，有零散种植的乔木，起到视线遮挡和界定范围的作用。主要入口处设有寨门，仅起到视觉强调的作用，居民可从其他道路进入村寨	寨门体量增大	有	旅游发展诱发风貌变化
街巷与公共空间	街巷高差较大，空间灵活，公共空间零散，主要为街道和晒场。通过"陡坎"解决建筑高差问题，并形成小块空地或菜地	街巷空间与公共空间不断缩小	有	居民人口增加
水系	村寨内无水系分布	无变化	无❶	—
院落空间	由住宅建筑与石砌坝墙围合的独户单体院落，视线开敞不围合	无变化	无	—
建筑	平面和立面均为不对称式布局，坡屋顶通常覆盖以石板或瓦片，屋面出挑较大。底层为夯土或毛石实墙，二层为穿斗木板墙，阁楼层部分无板露墙架，从下到上形成从石到木、从实到虚的变化。建筑功能分区采用竖向划分，人、畜、草各占一层[7]	建筑体量增大，结构变为砖混。不再从事畜牧业导致原有建筑功能分区模式消失	有	新技术成本低，耐久性强；此外生产方式也引起变化

❶ 新的居民点规划开始出现有水系的方案。

续表

要素	历史特征	现状特征	有无变化	变化原因
建筑构件与装饰	有晒台、悬吊厕所等特殊建筑构件，建筑装饰较朴素，没有多余装饰构件	外墙涂有繁复的藏族彩绘或无，受现代化影响，出现铝合金门窗等元素	有	旅游发展带来的招揽顾客需求
名胜古迹	有白塔、神圣点等古迹	数量有所减少	有	居民传统意识减弱

三、社区社会文化

要素	历史特征	现状特征	有无变化	变化原因
社会结构	血缘关系为纽带的结构体系。户主为女性，典型家庭规模为六口之家，主要由夫妻、三个孩子、一个老人构成	增加了外来务工人员，原居民每户家庭规模变小	有	计划生育政策，外出上学和打工，分户
人口规模	规模较小	规模增加	有	人口机械增长
民风民俗	藏族风情	走向世俗化	有	旅游发展
语言	四川话、藏语、普通话	掌握藏语人数减少	有	传统教育不足，外来文化影响
自然观	将九寨沟视为神圣山水的苯教和佛教自然观	观念逐渐淡薄	有	传统教育不足，外来文化影响
场地归属感	从社区看向周围神山圣水的视野、村寨周围的植被及其神圣点环境	视野偶受影响，部分神圣点因为建筑垃圾堆积受到影响	有	建筑密度增大和景区设施建设

对于具体不同的村寨，其研究价值不同，尤其需要针对老寨和新寨进行分别讨论。

对于老寨，尽管年久失修和交通不便使其在当前并不具有游憩和经济价值，当前的生活价值也极为有限，但老寨保留了九寨

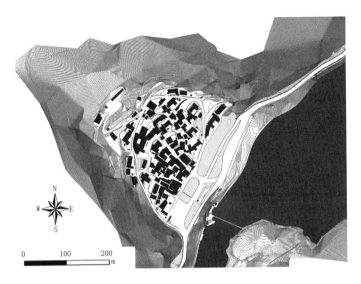

图 8-2　树正寨现状平面图

沟地区原有的传统建筑特色，具有较高的研究价值。但由于老寨的传统建筑主要以木构为主，持久性不强，再加上少人居住，缺乏妥善的维护，老寨面临着不断破败直至消失的危险，因此其研究价值的保护面临着极大的挑战。

对于新寨❶，除承担基本生活功能之外，还承担一定的游憩功能，有助于缓解高峰期风景区核心景点的游客压力。尽管与老寨相比，新寨在保持传统地域景观风貌方面有所减弱，但在景观格局、物质空间和传统文化方面仍然具有一定的研究价值（图8-2）。

❶ 是指现在仍被大量使用的社区，也包括树正寨等在老寨原址扩建而成的村寨。

8.3.2　威胁关系分析

当前对九寨沟风景区造成威胁的社区价值集中在游憩和生活功能两方面，与台怀镇不同的是，九寨沟社区的游憩功能所占比重较低，从事经营活动的主体是当地居民。

风景区核心资源为水景，游客到访社区的比例相对较低，其中，树正寨由于紧邻核心景点树正群海，在空间格局和民俗风貌方面较有特点，游客到访率相对较高；则渣洼寨则由于靠近沟内的旅游服务区诺日朗，游客到访率次之；荷叶和扎如寨也有少量游客到访；老寨几乎没有游客。同时，在管理局对沟内经营活动进行统一整治之后，社区内部所能提供的旅游服务规模有限，包括旅游纪念品售卖和少量的住宿、餐饮服务。根据调查，树正寨将住宅开放用作旅游商品售卖的居民相对较多，共有13或14户，每户的平均经营年收入为30万～40万。由于住宿接待是居民私下从事的活动，接待率和经营收益等相关数据难以获取。

当前社区游憩功能对风景区产生的威胁主要来自风貌方面。为招揽外地游客，居民多对住房进行风貌改造。在建筑构件与装饰方面，很多居民抛弃了原来朴素的当地传统藏寨式样，转为复杂夸张的藏式彩绘。同时，建筑和寨门等都有体量增大的趋势。

尽管社区社会经济和居民生活方式的变化使社区生活功能在实现形态和所占比重方面产生了变化，但生活价值始终是九寨沟社区的基本价值。即使是在社区全面经营家庭旅馆时期，当地居民作为经营主体，社区的基本生活功能也是实现旅游接待的前提。

当前社区生活功能对风景区产生的威胁主要来自建设方面。九寨沟沟内社区居民人口数量持续上升，从而带来住房和建设用地的压力。建设用地扩张和建筑密度增加的社区发展趋势所带来的不良影响包括：增加环保压力、破坏社区传统格局、干扰视觉景观质量等。

如果进一步分析社区游憩和生活功能的威胁性，其根源是社区居民对经济价值的追逐。这一追逐驱使他们改变社区风貌，迎合外地游客；通过婚嫁❶等方式在景区集聚，以获得更多的致富机会；在修建或改建房屋时选择低成本、短周期的建设模式等。事实上，与沟外一般村寨相比，九寨沟社区居民的经济收入已经有了大幅度的提升，显而易见，居民对经济价值的追逐往往是永不满足的，如何妥善处理这一根源性问题是社区规划与管理的难点。

❶ 根据实地考察调研，九寨沟社区居民无论嫁娶，往往都选择居住在风景区，导致社区人口增长速度较快。

8.3.3　需求性价值评估

九寨沟社区作为价值主体，当前主要有经济、精神和游憩等的需求。

在满足社区经济需求方面，风景区内已经由原本的农林畜牧业转变为旅游服务业，产生的经济价值可以通过居民收入水平衡量。当前沟内居民收入主要包括遗产地管理局发放的生活补助和居民参与景区经营管理所得收入两大部分（表8-2）。2010年，沟内居民人均年收入达到14705.85元，比漳扎镇和九寨沟县居民平均水平高出许多。

九寨沟居民收入来源表

表8-2

类型	具体政策	收益人数	补偿情况
基本生活保障	从每张景区门票中抽取7元	所有居民	实施以来金额始终保持不变，2007年人均收益16000元，为历年最高
公司股份分红	联合经营公司入股2万所得的分红，居民占股51%，分红占77%	所有居民	2010年居民股份收回成本，2011年开始纯盈利，历年人均最高为5000元
诺日朗摆摊	每10万元股份可得一个经营摊位，共195个摊位，每年3、4月抓阄分配摊位，一年一轮换。2011年起不再收取摊位租金、押金	195人	摊位区位不同，收益不同。平均人均年收入3万，最高能到10万
联合经营公司工作	主管以上居民10人，占主管总数的25%。优先解决沟内居民就业，比沟外员工每月多发200元	40人	—
租衣照相	四处：长海（树正寨）、原始森林、熊猫海和五花海（荷叶一队、二队和扎如寨轮流后三个点）	由各个村集体自行协调人员	—
管理局在编	在编人员不再享受基本生活保障	60人	—
景区合同工	在景区做环卫工作	—	—
住宅开放经营	将住房开放作为旅游纪念品销售点	树正有13、14家	一年30万～40万
住宅免费参观点	将住房开放作为藏家免费参观点，零星出售酥油茶、青稞酒等特产	—	—

资料来源：笔者根据调研整理所得。

在满足社区精神需求方面，主要是指原住民对九寨沟山水的神圣崇拜。在以苯教文化为基础、佛教文化为主导的传统文化影响下，社区居民将九寨沟的自然环境视作神山圣水，对风景区有强烈的精神归属感，这部分精神价值已成为九寨社区研究价值的重要组成部分。

在满足社区游憩需求方面，社区居民在山岳崇拜思想影响下，每个月都会进行转山、插箭旗等祭山活动，属于一种传统的游憩需求，这一需求在现在仍能得到满足，但存在部分旅游服务或其他基础设施建设干扰其祭祀神圣点的情况[7]。

限于目前的文化水平和发展阶段，社区的现代意义游憩需求尚不明显。九寨沟优越的自然环境也弱化了居民对环境质量的感知。随着居民生活和文化水平的提高，对游憩活动和环境质量两方面的需求可能会增加，在制定相关政策时有必要前瞻性地考虑这些因素，并将其转化为促进风景区保护和社区可持续发展的有效推动力。

8.4　社区关键问题识别

上述九寨沟社区价值体系评估主要关注需保护的研究价值，对风景区有威胁的生活、游憩和经济价值，以及社区各项需求性价值。根据评估结果，结合社区自组织条件分析，认为当前九寨沟社区所面临的关键问题主要体现在居住、就业、传统文化和能力建设等四个方面。

8.4.1　居住问题

社区居民人口数量持续上升造成社区居住用地不足，从而影响了在当前和未来社区生活价值的实现和保存。《九寨沟风景区总体规划修编（2001—2020）》中要求将景区内居民人数控制在1003人以内，然而在2011年进行世界遗产管理规划编制时，景区内居民人数已经上升为1183人。风景区总体规划对社区居民人口的控制未能实现。根据2003~2010年的居民户籍人口统计数据（表8-3、图8-3）对未来人口进行预测，未来5年和20年，居民人口数量将分别达到1307人和1407人。一方面人口增多带来持续上升的居住需求，另一方面风景区资源与环境保护使命意味着社区建设用地不可能一味扩张，两方面的冲突难以解决。

2003~2010年居民户籍人口数量统计表　　　表8-3

年份	2003	2004	2005	2006	2007	2008	2009	2010
人口数（人）	972	990	1052	1069	1097	1120	1154	1183

资料来源：九寨沟风景区管理局。

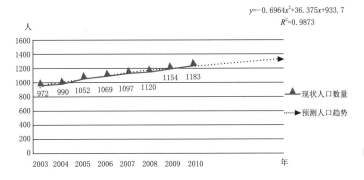

$$y=-0.6964x^2+36.375x+933.7$$
$$R^2=0.9873$$

图8-3 九寨沟沟内居民人口数量预测分析图

　　居住空间不足进一步导致居民住房密度过大，部分住宅存在消防隐患。由于建设用地的限制，村寨内存在搭建临时棚户等加建现象。尤其是位于坡地的树正寨，寨内本就多有高差，随着住宅间距的缩小，村寨街道日趋狭窄，远远达不到消防要求。同时，九寨沟社区的传统住宅多为木构建筑，更容易引发火灾。

　　另一个与居住有关的问题是，不恰当的村寨建设风貌对景区内的视觉美景造成影响，同时也损害了社区的研究价值。受外来文化冲击，九寨沟传统村寨风貌特征被削弱：首先，总体布局开始呈现几何化，传统村寨错落有致的景观逐步消失；其次，建筑体量与密度增大，不符合九寨传统藏寨的低密度、小体量特征；第三，现代建筑材料和技术的介入，冲击了基于九寨沟自然环境所形成的传统木构建筑体系，建筑构件简化；最后，建筑装饰出现"泛藏化"和"汉藏杂交"趋势，丧失九寨沟传统藏寨的特点。

8.4.2　就业问题

　　在不影响风景区整体价值的前提下，社区居民可从风景区获得经济收入，更重要的是其获取方式应能抵御外部的压力和冲击，始终保持经济收入的合理上涨，以及就业能力的稳步提升。与以前从事的农牧业和林业相比，当前社区产业形式的自然资源依赖性已经较小，但依然面临如下的问题。

一是居民收入的旅游依赖性较大。从现状居民收入来源看，社区居民尤其是非青壮年劳动力的收入水平受风景区旅游发展的直接影响，在旅游业发展遭遇自然灾害、淡旺季等外在冲击时，居民的收入将受到很大影响。

二是居民就业质量较低。目前居民就业集中在景区餐饮服务、旅游商品售卖、出租藏族服装、游客照相、景区环卫等方面。这些就业岗位季节性强、流动性大、收入偏低、保障不足、社会声望不高。在景区从事管理工作的居民有70人，仅占居民总数的6%。大量居民从事劳动密集型工作，从业者一般只受过简单培训，或者没有培训，缺乏职业发展前景。因此，就业岗位的质量仍然有待提升。

三是村寨内仍然存在居民个体自由经营活动。尽管风景区总体规划明确要求个体经营活动外迁，但目前仍有几十户居民将住房开放为旅游纪念品销售点，或者私下提供住宿服务。当前这一趋势尚微，但通过调研，很多受区位和经济基础限制而没有从事经营的居民已对这一现象颇有微词，认为存在"不公平"的情况，也希望从事此类经营。从景区管理局的角度，在景区开放早期就已经认识到社区范围内普遍进行旅游经营的各种弊病，因而不赞同这一行为。但由于给居民经营颁发营业执照的部门为漳扎镇政府的工商部门，并不直接受管理局管理，存在管理不顺的问题。而从价值角度，社区范围内全面的旅游经营会对社区生活价值和研究价值产生威胁，可能表现为：经营带来的经济吸引力和文化入侵进一步改变社区居住形态和空间风貌；经营带来人口集聚，进一步加剧居住用地不足的危机；经营活动所需的服务设施建设给景区的资源与环境保护带来隐患等。

8.4.3 文化问题

九寨沟社区的传统文化保护问题主要是指社区作为价值客体的研究价值和作为价值主体的精神价值两部分，同时也涉及社区的自组织条件问题。

对研究价值的影响主要体现在以下四个方面：一是对村寨传统文化的本底调查尚没有全面开展。目前已经开展的研究和调查工作主要是针对扎如沟的宗教文化传统，对其他村寨关注较少。已有研究成果记录和分析了九寨沟的藏族文化，是进一步开展九寨沟文化研究的重要基础[8]。二是由于传统生产方式的改变，一些与传统生产方式相关的文化传统已经或逐步丧失，如传统的制作青稞食品的工艺和活动，为粮食丰收而形成的集会和集体劳动，传统的手工艺制作等[9]。三是由于现代保护制度的介入，历史上形成的传统生态知识、传统保护途径和方法正在丧失。如历史上形成的各村寨集体领域，各寨对山水、植物、动物的保护负有责任，以村规民约的形式禁止破坏性的植物采摘、挖药材等行为。现代保护制度的介入使各寨村民不再具有强烈的保护愿望和意识，而现代保护制度还存在一定疏漏，风景区局部地段出现了植被破坏现象，如扎伊扎嘎山附近的大规模采挖中草药材现象。四是由于外来文化的冲击，九寨沟居民存在主动放弃本土文化的可能性。

对社区精神价值的影响主要指局部地段出现对社区神圣点的破坏或干扰。树正寨祭祀点受旅游栈道的影响，经常有游客踩踏经幡、跨过经幡的现象；则渣洼某神圣点附近建设了信号塔，干扰了神圣的氛围等。此外，上面提到的传统文化和信仰变化也从改变社区居民精神需求的角度对精神价值产生了影响。

8.4.4 能力建设

社区能力建设关系到有关居民个人发展和各类需求的问题，如掌握各项劳动技能的素质、综合文化水平、对九寨沟自然环境的归属感和自豪感，以及物质生活需求满足之后居民精神层面的进一步追求等等。能力建设一方面与社区生活价值有关，另一方面改变社区对风景区在经济、精神、游憩和环境等方面的需求规模和需求方式，更直接影响社区自组织能力。

当前九寨沟社区居民的能力建设问题主要表现在以下两个方面。

一是居民接受各类教育的渠道不畅。景区内没有教育机构，居民接受学校教育不便利；文化教育和职业技能培训活动少，居民缺乏获得资讯和自我充实的机会。上述限制影响居民就业质量和择业眼光，使居民只能在景区内从事门槛较低的旅游服务工作。

二是对九寨沟风景区的国际和国家级别重要价值认知不足。当前居民对九寨沟风景区当代价值的认识多停留在其带来的旅游发展收益上，九寨沟作为世界自然遗产地和国家级重点风景区的价值均未得到广泛宣传，居民对上述价值的认识不到位。这直接导致了居民对管理局举办的各种培训教育活动参与积极性不高，对资源保护相关政策配合度不高，对景区保护和管理缺乏责任感等问题，也间接形成居民永不满足的经济需求对风景区保护造成的潜在威胁。

8.5　规划目标与关键策略

通过对社区研究价值的评估，九寨沟风景区内需要保留当地社区，以保证风景区价值的完整性。在明确上述前提的基础上，规划着力解决保护社区研究价值、缓解社区威胁关系、满足社区合理需求三方面的问题。

以往风景区社区规划大都集中于物质空间要素的调整，如典型景观规划中的建筑和景观政策、退耕还林政策、社区搬迁和整治政策等。但从九寨沟社区目前面临的四个关键问题来看，社区就业、文化和能力建设等非物质空间要素的内容占更大比重，而且这些要素往往是物质空间发生变化的起因。因此，社区规划政策的编制应当在传统规划内容的基础上，重视社区就业、文化、教育以及管理机制等软性要素，重点关注社区的社会、经济和人文方面。

8.5.1　规划目标

九寨沟社区的规划目标可以表述为：在不影响世界遗产和风景区价值保护的前提下，社区的传统文化价值得以延续，社区居民的物质和精神生活水平持续健康稳定发展，并对风景区保护起到积极的促进作用。

在居住方面，风景区社区的居民人口和居住用地规模稳定在合理水平；在就业方面，实现社区产业结构不断优化，居民就业质量不断提升；在文化教育方面，居民知识水平、从业技能和文化传承意识得到极大提升，并有保卫家园的强烈责任意识，社区形成具有强烈地区自豪感、归属感和凝聚力的社会团体，逐渐承担起社区自组织功能；在管理方面，形成完善的社区经营管理机制、沟通协调机制和利益补偿机制。

8.5.2　关键策略

尽管上述社区关键问题分属不同方面，但彼此间存在密切联系，例如居民的文化信仰、教育水平和劳动技能能够影响生活和就业方式，进而影响居住形态。在九寨沟社区传统农牧业或林业生产方式和交通技术水平影响下，居民对自然资源的直接利用导致其较强的空间依赖，选择靠近耕地或牧场的地方居住，以降低通勤成本。而现有就业方式和便利交通条件意味着社区居民就业与居住之间的空间关系可以有更大的灵活性，也为社区居住用地不足的问题提供了解决思路。

作为居民长期生活的场所，风景区社区的居住功能应当居于首位。当社区面临居住空间不足时，社区的游憩功能应当做出让步。再者，九寨沟社区研究价值的形成建立在传统居住功能的基础之上，这是要保障社区生活功能的另一个理由，况且，社区的游憩功能可以通过在更大空间范围内的调节得到补偿。

基于上面的考虑，社区规划采取如下四个关键策略。

1. 总体策略：居民居住与就业在空间上相分离

维持社区居住功能，但不鼓励居民利用住宅开展个体经营，将居民的传统生活方式与旅游服务就业方式进行分隔，从而实现生活价值的延续和研究价值的保护，规避游憩价值和经济价值的不良影响。同时，有利于规范和引导居民的就业方式，提高居民就业质量和择业意识，减少居民就业对景区空间的过度依赖。

该战略可以进一步分为居住、就业和文化教育三个方面。

2. 居住策略：禁止新增居民建设用地，区内老寨复兴和区外搬迁相结合

一方面现有部分村寨建设规模和需求持续上升，另一方面老寨生活功能不能得到充分利用，两方面都引起社区生活价值和研究价值的下降。居住策略则期望缓解上述矛盾。

继续坚持控制居民建设用地的规划政策，对于近中期居民人数增长带来的居住需求，通过向老寨和景区外进行疏导来缓解，原则上不增加景区内的居民建设用地。恢复老寨的生活价值，允许在村寨开展传统文化展示活动，尤其鼓励开放老寨参观，这不仅解决了景区居住用地不足的问题，对传统建筑保护尤其是老寨修缮也有积极意义。

3. 就业策略：禁止居民个体经营，区内集体经营和区外创业引导相结合

风景区管理局应加大力度规范景区居民的个体经营活动。风景区社区最主要的就业方式为居民在统一组织下参与旅游服务和

经营活动。组织者前期以管理局为主，后期随着居民认识水平和职业技能的提高可以逐步转为村集体自组织。应确保集体经营过程中收益分配的公平性。

通过合理的就业引导增加旅游直接就业的类型，并促进旅游直接就业向旅游经济产业就业的转变，鼓励居民去景区外创业，搭建更广泛的就业平台以减小居民就业的地区依赖性，从而为居民外迁创造机会。

4. 文化教育策略：鼓励社区传统文化活动，提高居民职业技能水平

居民传统文化的传承和发展是村寨研究价值的主要内容，也是维持村寨活力的关键。应通过各种措施鼓励村寨居民开展与其传统文化相关的活动，鼓励与传统文化结合的文化创意产业。同时，将鼓励传统文化的活动与老寨复兴密切联系起来，有助于进一步提高村寨就业率和就业质量。

8.6　主要社区规划政策

基于社区价值体系评估和关键问题识别与分析，风景区社区规划政策与以往相比有了很大变化，主要体现在多方案比较、利益相关者参与、政策制定的细化深化、软性规划手段的应用等方面，下文将通过具体规划政策进一步加以说明。此外，有关不同社区在风景区保护和旅游发展中的定位和分类等与传统风景区社区规划一致的内容，本书不再赘述。

8.6.1　人口与用地调控

根据相关法规政策❶对村寨居民居住安置房的规定，九寨沟当地社区人均住宅用地面积不得超过30m²，而根据对热西传统藏寨的建筑尺度的研究❷，按照每户4人❸进行估算，村寨传统居住面积标准约为人均50m²。按照本次规划做出的人口预测，未来20年沟内将有39户居民人均居住面积不足30m²，有109户居民人均居住面积不足50m²（表8-4、图8-4）。其中问题较严峻的荷叶村，人均居住面积不足50m²的户数将占总数的50%。

❶ "阿坝藏族羌族自治州施行《四川省〈中华人民共和国土地管理法〉实施办法》的变通规定"和"九寨沟近期建设规划（2006—2010）"。

❷《九寨沟风景区扎如景区修建性详细规划》。

❸ 通过笔者对九寨沟沟内社区居民的调查，居民当前基本家庭构成为父母和两个孩子，因此4人为平均规模。

现状及2030年沟内各村寨人均居住面积不足30m²和50m²户数统计表　　表8-4

村寨	总户数	现状人均不足30m²		现状人均不足50m²		2030年人均不足30m²		2030年人均不足50m²	
		户数	百分比	户数	百分比	户数	百分比	户数	百分比
树正	81	8	10%	13	16.05%	8	9.88%	23	28.40%
则渣洼	38	6	16%	7	18.42%	6	15.79%	10	26.32%
荷叶	124	12	10%	38	30.65%	19	15.32%	62	50.00%
扎如	37	6	16%	12	32.43%	6	16.22%	14	37.84%
总数	280	32	11%	70	25.00%	39	13.93%	109	38.93%

资料来源：笔者根据调研整理所得。

由此可见，社区居民人口增长与建筑用地的矛盾是九寨沟风景区社区最迫切需要解决的问题，从风景区管理局、社区居民和研究专家等不同的价值主体角度出发，均有不同的解决途径。为实现社区价值体系中多种价值的协调与均衡，缓解沟内村寨用地与人口发展之间的矛盾，规划采用多方案比较的方法，基于居民未来的生活状态提出五个不同的规划方案，比较不同方案在未来二十年的预景（表8-5），并从各个利益相关者角度进行分析打分，最终得出最佳方案。

不同方案及风貌预景览表　　表8-5

	方案内容	20 年后村寨风貌预景❶
方案一	允许居民就地进行建筑改建	现有村寨内再增加50栋占地100m²的建筑
方案二	将居民向老寨疏导	没有变化
方案三	允许景区内增加建设用地	增加5030m²建筑占地，相当于扎如寨目前规模的一半
方案四	部分居民外迁	没有变化
方案五	村寨整体外迁	村寨无人居住，村寨规模下降

❶ 上述预景分析所考虑的人均住房指标为不低于30m²。

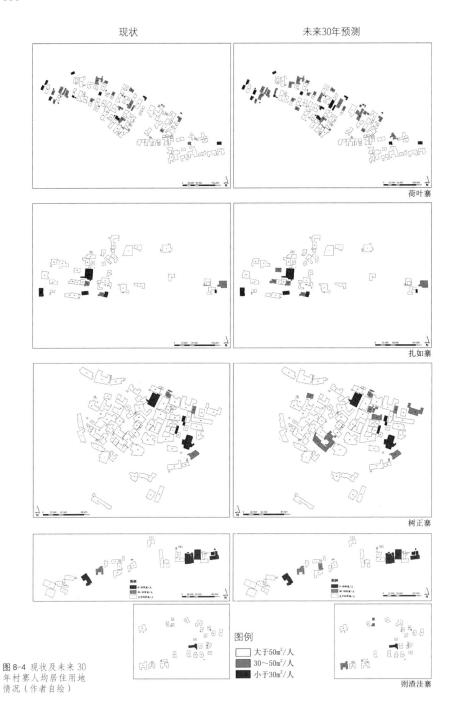

现状　　　　　　　　　　　　　　未来30年预测

荷叶寨

扎如寨

树正寨

则渣洼寨

图例
大于50m²/人
30～50m²/人
小于30m²/人

图 8-4 现状及未来 30
年村寨人均居住用地
情况（作者自绘）

　　用于进行比较的指标选择综合考虑了价值保护、社区发展和政策实施难度三个方面，具体包括以下七项：生态环境、视觉景观、社区历史价值、社区文化价值、居民生活、实施成本和实施后的管理成本。其中生态环境、视觉景观、社区历史价值、社区文化价值主要从保护的角度进行打分；居民生活从社区的生活价值及居民各类需求价值的角度进行打分；实施成本和实施后的管理成本从管理局的资金、人力、物力等的投入角度进行打分（表8-6）。

各指标评分说明表

表8-6

指标类型	指标	说明
九寨沟世界级和国家级重要价值保护的指标	生态环境	主要考虑居民居住产生的空气、固体废弃物等的环境影响。 这方面影响与在景区内居住的居民数量成正比，居民越多，影响越大。同时，在同样居民数量的前提下，新增建设用地对生态环境的影响较大
	视觉景观	主要考虑村寨建筑给景区视觉美景带来的影响。 最理想的方案是邻近主要游线的村寨保持适度的居住密度，村寨整体外迁次之，而居民就地加建建筑影响最大
社区研究价值指标	社区历史价值	主要考虑传统村寨历史格局和风貌的保持。 最理想的状态是传统的9个村寨都保持了适度的利用，其次是现有的主要村寨保持了适度的居住密度，再次是村寨失去居住功能和新增建设用地破坏原有村寨格局，而居民就地加建对村寨传统风貌影响最大
	社区文化价值	主要考虑的是传统文化习俗的延续。 最理想的状态是传统的9个村寨都有居民在其中生活居住，其次是居民在现有主要村寨生活居住不搬离，再次是居民被迫离开原有居住村寨，外迁到景区其他地方或景区外，最差的方案是全部搬迁到景区外
社区生活价值指标	居民生活	主要站在满足居民生活需求和居民便利角度进行方案打分。 最理想的是依然在景区内居住并且居民建设用地可以扩张，其次是可以通过改建自家建筑实现居住条件的改善，再次是离开原有居住地，搬往老寨或者景区外，最差是完全丧失居住在景区内的权利

续表

指标类型	指标	说明
管理可行性指标	实施成本	主要考虑管理局实施该方案时的难易度和资金需求 最容易的方案是允许居民就地改建房屋,其次是在景区内通过复兴老寨或兴建新建筑解决居民居住扩张的问题,再次是说服部分居民外迁至景区外,最难的方案是将所有居民均外迁到景区外
	实施后的管理成本	主要考虑管理局在方案实施后管理养护的难易度和资金需求。 按照居民在景区内的数量进行考虑。最容易的方案是居民全部外迁,管理局不再承担居民管理问题;其次是部分居民外迁,管理局管理的居民数量维持在较低水平;最难的是居民全部留在沟内,随着人口增长管理的居民数量增多,以及随之而来的就业和社会公平问题

　　按照措施带来的影响由好到坏进行4～1分的打分,最终结果详见表8-7。

各方案得分表　　　　　　　　　　　　表8-7

方案编号	方案内容	保护专家				居民	管理局		总分
		生态环境	视觉景观	社区历史价值	社区文化价值	居民生活	实施成本	实施后管理成本	
一	允许居民就地进行建筑改建	2	1	1	3	3	4	2	16
二	将居民向老寨疏导	2	4	4	4	2	3	2	21
三	允许景区内新增建设用地	1	2	2	2	4	3	2	16
四	部分居民外迁	3	4	3	2	2	2	3	19
五	村寨整体外迁	4	3	2	1	1	1	4	16

　　得分结果显示：方案二疏导到老寨总分最高，方案四部分居民外迁次之。将最终方案打分进行雷达图（图8-5）分析，认为雷达分布较为均衡的方案是多方利益相关者都能接受的方案。方案一和方案三过度倾向于居民；方案五过度倾向于保护专家，并且均有评分为1的最低分指标，容易造成某方利益的严重损失；而方案二、方案四较为均衡。

　　此外，应当注意到不同的指标存在权重差异。遵循的原则是：在九寨沟世界级和国家级重要价值保护的前提下，保护风景区社区的研究价值，维护社区居民的生活权益，兼顾政策实施和管理的可行性。因此7个指标的权重排序为：世界级和国家级重要价值保护的权重最高，风景区社区价值体系次之，最后是管理可行性。在几个方案中，方案二的总分最高，同时居民生活角度的部分利益缺失可以通过调整居民就业方式和制定补偿政策进行弥补，因此最终将方案二作为首选方案，方案四为第二选择。

　　目前只有荷叶寨的部分居民还在老寨拥有住宅，因此荷叶寨应将方案二作为首选方案，规划鼓励住宅拥挤的荷叶寨居民通过

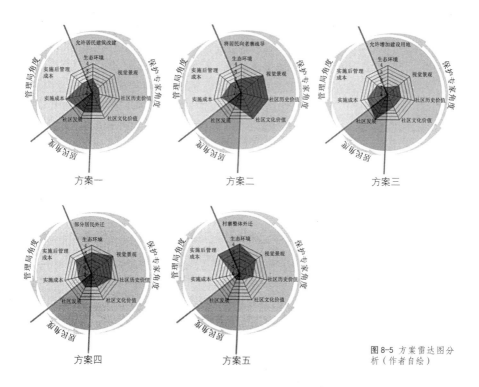

图 8-5　方案雷达图分析（作者自绘）

老寨回迁解决居住面积不足的问题。其他村寨和在老荷叶寨无老宅的居民可将方案四作为首选方案。沟内村寨的居民社会用地规模维持现状，原则上不再新增居民住房面积。即使是老寨，用地规模也应维持现状，不再新增住房面积。

通过上述规划政策，控制沟内的居住用地规模，稳定风景区内的常住人口规模。考虑到需要一定的时间以配备居民外迁的各项基础建设，在未来5年的人口预测中，暂不考虑居民外迁所带来的人口减少。因此到2015年，常住人口规模为1307人。未来20年的常住人口预测则考虑了荷叶老寨在缓解社区居住压力方面所起的作用，按照人均居住面积50㎡的居住要求，认为至少有66人需要外迁，由此预测常住人口规模为1341人。按照人均居住面积不足30㎡住户的居住要求，认为至少有42人需要外迁，由此预测常住人口规模为1365人。

与以往的风景区社区搬迁政策相比，九寨沟社区的搬迁政策在搬迁对象和实施方式方面更加具体和细化。首先规划肯定了风景区内应当保留当地社区的基本观点，在此基础上根据地方规定和传统习俗确定合理的人均住房面积指标，对未来即将低于这一指标的具体社区住户制定搬迁政策。在搬迁实施方式上，又针对是否在山上老寨拥有房屋以及房屋状况等条件，提供迁往老寨或者外迁的不同推荐政策。由于进行了具体到每家每户的社区现状调查，并考虑到不同村寨可以利用的不同条件，规划避免了以往"一刀切"的思维惯式，所制定的政策更加具有可操作性和说服力，实施成本也较低，从而有助于减小政策实施阻力，并规避盲目搬迁带来的社区研究价值的破坏。

8.6.2　经济与就业引导

社区经济与居民就业引导政策应当建立在保护风景区重要资源、遵守相关国家经济政策、符合市场发展规律、合理满足社区居民不断发展的生活需求等基础上，并能够充分体现对未来发展方向的合理预期，具有一定的政策灵活性。

1. 社区经济引导

以旅游服务业为主导，同时鼓励发展具有地方特色的文化产业和生态农业。

尽管已经完成了退耕工作，部分村寨居民仍在房前屋后保留了少量土地用于自家种植，这部分活动不构成产业，可以予以保留。对部分沟内居民私自开展住宿接待活动的现象，管理机构应采取宣传教育和一定强制手段予以取缔。

沟内社区主要从事餐饮、购物、景点租衣照相等旅游服务活动；把位于沟外景区门户的漳扎镇镇区作为主要旅游服务基地，广泛开展住宿、餐饮、娱乐、购物等旅游服务活动；位于沟外山区的村寨则鼓励发展生态农牧业，为旅游业发展提供农副产品或直接进行特色农产品售卖。

鼓励居民从事有利于传统文化传承的解说教育和文化体验活动，如传统手工艺品展示、传统村寨建筑参观、传统藏餐品尝、景区导游等，并提供相关的职业技能培训渠道。旅游纪念品设计应充分体现社区最具地域特色的生活和研究价值，将经济收益、解说教育和促进研究等多重目的结合起来。

2. 居民就业引导

提高居民就业质量，增加就业多样性。引导就业向更广泛的区域发展，减小居民就业对风景区的空间依赖，为居民外迁提供动力。

对于在沟内就业的居民，应当丰富其旅游直接就业的类型，增加旅游高水平就业岗位的比重，例如游客解说教育、景区管理、设施施工、传统手工艺展示等。

对于在沟外就业的居民，推动其就业由旅游直接就业向旅游经济产业就业发展。拉长居民参与的旅游产业链，从单纯贩卖旅游商品，扩展到旅游商品的生产、加工、包装、运输等全过程，通过产品营销等手段，扩大九寨沟商品的品牌知名度和地区影响力，销售范围从仅仅局限在风景区逐步扩展到更大范围的市场区域，减小地区依赖性，增强产业经营的风险承受力。

8.6.3　社区风貌有机更新

针对当前风景区社区住宅的建设密度、建设规模、建设风貌和防火等问题制定社区风貌的整治政策，反映通过循序的有机过程逐步改善社区风貌的规划思路。

九寨沟村寨的风貌变化应当是一个长期、缓慢、不断更新的自我生长过程。在当前情势下，实现上述过程需要在前期采用一定的硬性控制手段，以稳定具有历史传承性的总体风貌框架，并抵御外来文化的瞬时冲击所带来的非理智破坏。同时，配合文化建设和相关教育提升居民对当地建筑遗产的认知水平，逐步增强居民对传统村寨风貌的认同感和自觉的保护意识。在后期，则期望实现以社区居民为主导的村寨风貌有机演化过程。

1. 风貌控制政策

村寨风貌控制政策建立在对每个村寨本底、现状及其历史发展变迁的研究分析基础上，强调保护传统文化和尊重自然环境，具体分为整体空间格局、村寨景观要素、单体建筑要素三大部分。

在整体空间格局方面，对当前各村寨空间格局进行特征提炼和结构强化，延续传统村寨的外部环境与内部生活祭祀空间，维持各个村寨不同的景观意象。分别从建筑布局、开放空间和绿化种植等角度进行控制。在景观要素方面，从道路、陡坎、院坝和围合要素等角度进行控制；在单体建筑要素方面，分别从体量组合、结构、屋顶、墙面、院门、户门、窗、装饰等角度进行控制。

2. 管理制度保障

九寨沟管理局需设立村寨建设评估与决议机构，并制定建设或改建项目的申报审批流程。需要新建、重建、修缮住宅或改变宅基地风貌的居民应将具体行动计划、建筑材料、建筑工艺等内容申报评估机构，机构应对申报内容进行周密审查，评审内容包括是否符合控制要求、是否符合整体风貌和可能的环境影响，并给出建设意见和决议。评审通过的申报项目还应当在风景区范围内进行一定周期的公示，征询村民和游客意见。

在各村寨设置典型风貌观察点和监测视角，存储村寨影像数据，定期收集数据并分析，对近期建设和改造项目进行评估，对未来风貌控制工作进行调整。

对于在风貌有机更新过程中作出积极贡献的社区居民应给予一定的经济补偿和资金鼓励，同时在居民之间开展多样的交流和参观活动，扩大模范的影响力和带头作用，对居民进行传统建筑风貌的教育与引导，使居民能够自觉维护自身的传统风貌。

8.6.4 居民能力建设

居民能力建设的主要目标是形成有利于社区自组织治理的条件，包括使社区重获合理利用自然资源的生态知识，并形成新的社会资本。

1. 形成新的知识

过去社区基于传统农耕畜牧等资源利用方式而形成的生态知识，其意义现仅停留在研究层面。针对目前的旅游服务经营活动，社区需要形成新的知识，保证合理有效的资源利用。通过对社区历史的梳理可以发现，社区居民在转而从事旅游经营的过程中，已经出现通过自我调整以适应新生产方式的萌芽。例如，当个体经营者之间出现恶性竞争时，有几户家庭通过床位入股进行集体股份经营；当经营利益的分配出现矛盾时，社区自发形成行业协会进行协调等。说明如果给予社区足够长的时间，通过传统的"尝试—出错—再尝试"的模式也可以形成新的资源利用知识。然而，传统模式所需时间较长，同时也需要资源具有一定的生态承载力，足以承受尝试过程中难以避免的示错。而风景区资源往往面临迫切的环境保护需求，具有较低的生态承载力，通过传统模式使社区重新获得生态知识将面临极大的风险。因此，需要通过外部手段促使新的知识更迅速准确地形成，当前已有的研究与实践经验、发达的信息传播技术等手段可以有效促进上述过程。

具体的规划政策包括以下几点。

1）为居民提供接受文化教育的机会，通过定期开展科普、扫盲和专题培训课程满足居民提高自身文化素养和开阔眼界的需求。

2）为社区提供职业技能培训平台，包括对旅游服务人员进行导游、解说、外语等的培训，邀请成功的经营者或其他行业的经验人士在社区进行专题讲座等，以提升居民的技术水平和创业敏感度。

3）联合工商管理部门或其他经济组织定期对从事旅游经营的人员进行市场管理、规章规范、纪律秩序的教育培训。对于社区内已经产生的自组织规范经营萌芽，管理局应当组织居民对此进行研讨和经验总结。

2．形成新的社会资本

传统九寨沟社区在少数民族和宗教文化影响下形成了丰富的社会资本，表现为有机的社会组织网络、多样化的民间规约、深厚的文化思想积淀等，随着经济发展、自上而下管理制度和现代观念引入等外部条件的改变，社区基础性社会结构甚至居民的内在行为模式都发生了变化，部分原有社会资本遗失，社区成员保护周围环境资源的积极性和责任感减弱。风景区管理局应采取一定的措施促使新社会资本形成，以保证社区居民在资源利用过程中较低的"贴现率"，最终减少相关制度和政策实施的监督成本。可采取的措施包括：加强有关九寨沟世界遗产地和风景区价值重要性的宣传教育，重新培养居民对九寨家乡的地区自豪感与归属感，提高其保卫世世代代居住家园的责任心；定期对居民开展多样化的环境教育活动，使他们了解如何在日常生产生活中采取对资源环境影响最小的方式，将环保意识融入生产与生活的方方面面。

8.6.5　社区管理机制

尽管在行政关系上仍属于漳扎镇政府，但九寨沟沟内社区现由风景区管理局居民管理办公室代管理。居民管理办公室主要负责沟内居民外迁活动的实施、居民经营活动的统一管理与协调、居民房屋建设整修的审批、管理局与三个行政村居民委员会之间的沟通协调等工作。在社区形成新的生态知识和社会资本之前，外部管理机构是实现风景区资源保护、社区稳定发展和风景区各项资源合理配置的重要保障。同时，通过居民参与、居民共管等机制的逐步渗透，给予社区一定的空间和决策灵活性，为社区自组织创造条件。具体管理制度包括以下几个方面。

1. 居民利益补偿机制

目前针对居民的利益补偿包括门票补偿和管理局股份公司入股分红，对提高当地居民生活水平有很大帮助，但现有利益补偿建立在完全公平的基础之上，并未充分反映不同居民贡献大小所带来的补偿差异，补偿的激励机制并未发挥作用。在实施村寨外迁、村寨经营活动管理和村寨建筑修缮等具体政策时，应建立居民责权利均衡的利益补偿机制。

2. 社区经营活动管理

目前沟内村寨存在多种经营方式：一是股份经营，是指居民入股联合经营公司，每年享受股份分红；二是组织经营，包括居民在诺日朗摆摊和在景区内租衣照相，属于在管理局组织下的居民经营；三是完全居民自发的村寨内个体经营，其中则渣洼寨的经营商户形成了商会负责规范经营活动，而树正寨的个体经营商户并未形成商会；四是违法的私自经营，主要是指村寨居民未经允许，私下向游客提供住宿接待服务的经营活动。当前的多种经营方式增加了经营活动管理的难度，由于并未建立起合理的管理制度，容易产生社会矛盾、生态破坏和环境污染的问题。如个体经营活动由漳扎镇工商管理部门发放经营执照，其经营内容、形式和规模并未考虑与风景区的保护管理工作和其他经营活动相协调。

随着社区经济与居民就业引导政策的实施，居民认识水平和经营能力的提升，部分经营方式有可能消失，如违法的私自住宿经营等，同时也有可能出现新的经营方式（规划所预测的沟内社区经营方式见表8-8）。多样性与丰富性将是社区经营活动管理的主要议题。风景区管理局应当与漳扎镇工商部门协作，共同对沟内居民的旅游经营活动进行管理，在经营场所的风貌，经营商品

的种类、物价和服务水平等方面加以规范。管理局主要承担规范市场秩序、抵御不良竞争、规避环境破坏等外部调控工作，并充分调动社区居民的经营主动性，逐步实现居民在经营活动中的主体地位。

续表

沟内居民产业运营方式一览表

表8-8

产业类型	经营地点	经营方式	经营内容	投资者	经营主体	管理主体	收益方式
旅游服务业（三产）	村寨	个体经营	商品售卖	居民	居民	管理局和漳扎镇工商局联合管理	居民个体自负盈亏
	诺日朗游客中心	个体经营	商品售卖	管理局和居民或居民集体	居民	管理局	居民个体自负盈亏
	沟内指定景点	个体经营	租衣照相	居民	居民	管理局	居民个体自负盈亏
	诺日朗餐厅	集体经营	餐饮	管理局和居民或居民集体	管理局	漳扎镇工商局	管理局和居民按股分红
	沟内指定景点	集体经营	简餐	居民集体	居民	管理局和漳扎镇工商局联合管理	居民集体统一分配
	扎如寺	集体经营	商品售卖	居民集体	居民	管理局和漳扎镇工商局联合管理	居民集体统一分配
文化产业（三产）	村寨	集体经营	文化演艺	居民集体	居民	管理局和漳扎镇工商局联合管理	居民集体统一分配
农牧业（一产）	沟外	个体经营	旅游农产品供应	居民或其他资金方	居民	村集体	村集体统一分配
加工业（二产）	沟外	个体经营	旅游商品加工	居民或其他资金方	居民	相关工商管理部门	村集体统一分配

　　鼓励居民在管理局的统筹下从事各类经营活动，有效减小市场治理过程中由于盲目性投资等造成的风险。鼓励居民在集体经营过程中自发的制度创新，如设立商会或行业协会等，管理局在这一过程中一方面应给予足够的空间，另一方面可多参与其各种组织形式的决策会议，以便对居民集体所得收益的合理分配进行监督。

　　在部分居民已经具有成熟的经营素质与水平的前提下，规划鼓励以社区居民为主体的集体经营活动。这里的集体经营是指由居民自发组建经营公司，进行相关旅游经营活动，公司的收益实行按股分配。由管理局和漳扎镇工商局联合对旅游经营活动进行规范管理。这种方式一方面保证了居民收益的最大化，在一定程度上缓解了利益分配不均的问题；另一方面实现了经营者与管理者角色的分离，有利于经营活动的健康运转。

　　3. 居民参与机制

　　居民参与制度是实现社区自组织外部认可的一种过渡形式，同时对社区新社会资本和生态知识的形成也有促进作用。

　　目前沟内已经存在一定程度的居民参与。在编制村寨风貌规划的过程中，居民管理办公室会收集了各个村寨的意见。居民管理办公室在各个村委会设有工作人员，负责上传下达的任务。社区居民中目前有60人在管理局从事管理工作。未来景区管理局应建立更广阔的平台使居民广泛参与到九寨沟的保护管理工作中。

8.7　小结

　　本章通过具体的九寨沟社区规划实例，综合检验本书所提出的社区价值体系分析与评估、社区自组织条件培育和社区规划优化等研究结论，并尝试解决当前风景区社区和社区规划所面临的若干问题。检验结果显示，相关假设和结论具有实践层面的可操作性，但由于实施时间尚短，规划政策有效性的验证尚需假以时日。

　　案例研究显示，社区价值体系和社区自组织条件之间存在密切联系，在规划政策上集中表现为社区文化教育和能力建设等软性规划政策，一方面有助于促进或形成社区的精神价值和研究价值，另一方面也有助于创造社区自组织治理的必要条件。

　　与以往风景区社区规划不同，在制定九寨沟社区的规划政策时，明确表明对社区所具有多重价值的肯定。尽管社区建设用地规模的不断增加给风景区和社区重要价值的保护带来了威胁，但在规划中并未"因噎废食"地制定社区整体搬迁的政策，而是通过差别化、温和的规划手段，针对人均居住面积过低的家庭进行个别的调控，使居民拥有自主选择性。

　　规划中对社区人口、社区经济、居民就业、能力建设、管理制度等软性内容的重视程度远远高于以往，该类规划政策所占的比重也大大增加，显示出社区规划新的实践趋势。

第 9 章

结束语

截至目前，我国已经有244处国家级风景名胜区，省级风景名胜区更多，普遍存在的社区和社区问题已经成为当今风景区保护管理的核心议题[1]。对风景区社区价值体系和社区规划政策的全面研究，既是我国风景区管理实践的现实需求，也为全面认知我国风景区的综合价值提供新的视角，更顺应当今国内外广泛关注社会公平、民生和人权问题的宏观趋势。

本书以识别风景区社区多重价值为切入点，研究风景区社区和社区规划的现状和问题，并基于社区价值，利用资源配置和治理途径的关系重新审视风景区社区规划的实施过程与问题，进而提出导向社区自组织的理想治理途径，最后针对上述问题和理想提出基于多重价值识别的风景区社区规划优化方案。

风景区社区受文化意识、政策制度和产业经济三个驱动力的影响，在不同的历史时期，其经济结构、社会结构、治理模式和空间形态均发生了较大变化。文化意识驱动力主要指形成于几千年农耕文明时期的传统小农思想和宗族意识，给社区居民思想行为方式带来根深蒂固的影响；政策制度驱动力主要指国家的一系列宏观政策改革和风景区制度的设立，以更强势的直接作用影响风景区社区的管理和产权模式；产业经济驱动力主要来自城市化和旅游业发展，由于能够直接反映市场供需关系，该驱动力更加灵敏，不断改变风景区社区内的生产经营面貌。上述三个驱动力以不同切入点影响风景区社区，但最终均能引起社区各方面产生变动。在时间维度，农耕文明时期，文化意识驱动力影响较大，工业文明时期，政策制度和产业经济驱动力的共同影响占据主导，最终造就了当前既有多样性又有共通性的风景区社区现状。

现状风景区社区的多样性可以通过多种分类方式进一步认知，按照行政单位、人口规模、产业类型、区位、聚居历史、与风景区的关系等不同角度可以进行不同的社区类型划分，此外还有林（农）场社区、宗教社区等具有突出特征的类型。现状风景区社区的共通性则体现在：产业经济方面，旅游服务及其相关产业在社区经济结构中所占比重较大，社区居民收入水平受到旅游业发展水平的直接影响；社会人口方面，风景区社区人口规模不断增加，社区社会关系呈现血缘关系日益淡化、地缘关系日益开放和业缘关系日益复杂的趋势，原住民与外来人口的比例不断减小；管理模式方面，风景区社区受国家城乡二元基层管理模式和风景区管理局监管多重管理；土地权属方面，存在集体所有和国家所有的多种形式，普遍存在土地、森林权属不清的问题；空间形态方面，具有自由型、线型、辐射型和组团型等多种类型。当前存在旅游发展型社区膨胀发展、非旅游发展型社区日渐萎缩两种趋势。

通过对二十余个风景区当前规划文件的考察，结合与上一轮规划文件分析结果的对比，发现风景区规划对社区人口规模、建设规模和景观风貌问题以及社区旅游经营带来的不良影响关注度较高，同时也加大了相关政策的力度。同时，开始出现在风景区资源评价的框架中纳入社区价值、规划政策中关注社区发展需求并增加软性规划内容等发展趋势。

分析借用了边际效用价值理论的"价值客体-效用-价值主体"基本模型，从风景区社区的功能与需求两个角度出发，将社区价值体系分为两大部分，表述为"风景区社区作为价值客体"和"风景区社区作为价值主体"，前者主要包括生活、游憩、研究、经济和选择价值，后者主要包括经济、游憩、环境和精神价值。这些不同类型的价值之间存在密切而又复杂的联系，同时又与风景区的整体价值之间存在构成、支持、相容和威胁四类关系，有可能强化、减弱风景区价值，或者与风景区价值互不影响。

通过对风景区社区价值体系及其要素的内外关系分析，发现风景区社区价值保护、可持续发展和风景区资源管理之间存在密不可分的关系。对于风景区社区价值的全面评估是妥善处理风景区社区问题、实现风景区良好管理的有效途径。研究根据风景区社区价值体系，构建了社区价值评估的指标体系和方法工具箱。社区价值评估指标体系主要由功能性价值指标和需求性价值指标构成，根据各自包含的价值类型，提出了可能的评估指标；社区价值评估工具箱的构建则广泛借鉴了多学科的研究与实践成果，分为针对价值主体的评价方法和针对价值客体的评价方法两大部分，通过与社区价值体系中的具体价值类型建立关联，实现在实践中具体方法的选择。

以五台山风景区台怀镇社区及其规划政策为例，研究分析了当前风景区社区及社区规划政策面临的问题。主要包括三个方面：一是忽视社区研究价值，导致发展建设和政策实施过程中部分重要社区研究价值已经遗失，并危及风景区的完整性；二是当前社区政策对威胁关系的处理过于"一刀切"，对社区威胁风景区的关键要素、过程和根源分析不清，导致规划政策针对性不强和效果欠佳；三是忽视了对社区需求性价值的评估和合理引导。

风景区社区的公共属性根据价值主体的不同而不同，对于研究专家和潜在使用者来说社区为纯公共物品，对于旅游经营者来说社区为市场性物品，对于当地居民和游客来说社区为具有不同程度拥挤效应的俱乐部物品。总之，风景区社区是具有多样性与动态性的准公共物品。可持续性、公平性和有效性是判断风景区社区资源配置是否理想的三个衡量标准。

对社区搬迁、退耕还林、社区风貌整治等主要规划政策的制定与实施过程进行分析显示，当前社区的规划政策属于极为依赖市场的层级治理途径。层级治理的巨大实施成本和市场治理对社区价值的威胁是影响理想社区资源配置的主要问题，而土地权属、管理体制和管理资金则进一步制约现有治理途径的有效实施。

风景区社区自组织治理途径作为现有治理途径的补充，在实现社区资源合理配置方面具有优势，主要体现在较低的贴现率、信息获取成本和政策实施监督成本等方面。但国内外成功案例和已有研究显示，自组织治理途径的实现需要具备成员认同、共同利益、信任关系与合作网络和自定规则四个必要条件。

我国风景区社区当前尚不具备实施社区自组织治理的条件，需要通过一定的"他组织"途径，逐步调节风景区社区动态系统，使其最终转化为"自组织"。在上述思路下，当前的替代途径主要有如下几个方面：重新确立资源占用边界，促进形成新的资源占用与供给知识，促进形成新的社会资本，逐步提高社区自主治理的外部认可等。

以风景区社区多重价值为导向的社区规划，意味着对风景区社区更为理性的评估以及更为慎重的处理态度。社区的规划目标是在不影响风景区价值保护的前提下，实现社区价值体系的合理延续，并为社区自组织创造条件。与传统社区规划相比，应更加重视社区价值体系的认知与评估，并将其纳入风景区价值框架之中；在处理社区与风景区的威胁关系时，避免"一刀切"盲目地制定规划政策；重视非物质空间层面的调控，灵活运用软性规划手段；强调规划政策的引导性和灵活性；扩大解决问题的视野。

在规划内容上，增加了社区价值体系评估工作；进而优化了对社区关键问题的分析思路；以控制瞬时性价值破坏为主要目标的物质空间层面政策需要遵循最小干预、可逆性和灵活性原则；以延续社区价值体系和培育社区自组织条件为目标的非物质空间层面政策，通过政策引导和保障制度等软性手段促进社区形成新的知识、方法、技术以及社会网络关系，以恢复社区价值体系的稳步演化进程和社区自组织能力，继而推动物质空间要素的变化。在规划环节上，强调多方案比较和公众参与在协调不同价值观念时的重要作用。

在理想状态下，风景区总体规划应当是《城乡规划法》体系下的地方规划文件和其他专项规划文件的上位规划，并与自然保护区总体规划相协调。

本书尚存很多的不足与局限。

在构建风景区社区价值评估指标体系时，尽管本书所选择的指标已经考虑到我国风景区相关统计数据的可获取性，但由于不同风景区的基础数据健全程度不一，不同规模和区位的风景区社区的统计口径存在差异等问题，部分指标数据仍有可能在实际操作中难以获取。这一问题需要结合我国风景区遥感监测信息系统和基础数据库的建立健全进度，在未来的大量实践过程中进一步做出调整。

本书所构建的社区价值评估工具箱包含了部分国外研究成果，其在我国风景区社区的可操作性仍然需要广泛而大量的检验工作。由于时间和人力的限制，在五台山台怀镇社区价值评估案例中，对于部分价值类型的评估工具仅仅是理论研究层面的方案构想，并未进行实地运用，这部分内容有待进一步实践调整。

限于作者的实践经历和文章篇幅，本书重点利用五台山台怀镇和九寨沟社区两个案例对研究过程和成果加以说明，但这两个案例并不足以代表广泛的风景区社区：首先，五台山和九寨沟风景区均位于城市化程度较低的区域，其内社区居民均具有深厚的农村背景，对其他城市化程度较高的风景区如杭州西湖、青岛崂山等，其社区的价值评估和治理规划途径难以代表；其次，五台山和九寨沟均为旅游发展已经步入成熟的风景区，风景区社区与旅游经营的关系具有特殊性，不能代表那些旅游发展尚在起步阶段的风景区；第三，两个案例风景区社区均具有突出的宗教文化背景，对其他不具有相关文化背景或文化背景较弱的风景区社区来说不具代表性。因此，未来应当广泛选取不同历史文化背景、不同类型和不同发展阶段的风景区，进行社区的价值评估与规划实践探索工作。

本书所提出的风景区社区自组织理想途径，是基于国内外已有成功案例和相关研究所提出的理论假设，对这一假设的论证也仅停留在对比研究与分析的理论层面。由于我国风景区社区尚且不具备成熟自组织的必要条件，因而在实践层面的检验仍需假以时日。这部分工作不能操之过急，应当通过社区规划等相关政策的实施确保条件成熟后，再逐步实行。

　　文章中提出了当前大部分风景区仅依靠旅游服务业途径解决大多数社区就业所带来的隐患，但限于作者的知识储备和认知水平，并未提出更加有建设性的社区经济产业发展途径。这需要相关从业者具有丰富的经济学知识、灵敏的市场供需触觉和适时适地的机遇获取，并通过大量成功案例的经验总结，最终获得丰富多样的社区经济产业发展途径，有待相关领域更进一步地研究。

参考文献

第1章

[1] 杨锐. 试论世界国家公园运动的发展趋势 [J]. 中国园林，2003（07）：10-15.

[2] Durning A T, Akula V K, Ayres E. Guardians of the Land: Indigenous Peoples and the Health of the Earth [M]. Washington, D. C.: Worldwatch Institute, 1992.

[3] 纪骏杰. 原住民与国家公园共同管理经验：加拿大与澳洲个案之探讨 [J]. 国家公园学报，2003，2（13）：103-123.

[4] Phillips A. Turning Ideas on Their Head. The New Paradigm for Protected Areas, 2003：8-32.

[5] IUCN. Joint PAEL-TILCEPA Workshop on Protected Areas Management Evaluation and Social Assessment of Protected Areas. Gland, Switzerland and Cambridge: IUCN, 2010.

[6] 周维权. "名山风景区" 浅议 [J]. 中国园林，1985（01）：43-46.

[7] 谢凝高. 国家风景名胜区功能的发展及其保护利用 [J]. 中国园林，2005（07）：1-8.

[8] 吴承照. 风景观、可持续管理与风景区理论建设研究 [J]. 城市规划学刊，2008（06）：73-78.

[9] 中华人民共和国建设部中国城市规划设计研究院. 风景名胜区规划规范及条文说明GB 50298—1999 [S]. 北京：中国建筑工业出版社，1999.

[10] 张国强，贾建中. 风景规划：《风景名胜区规划规范》实施手册 [M]. 北京：中国建筑工业出版社，2003.

[11] 蔡立力. 风景名胜区的居民社会系统规划——对风景名胜区的积极保护措施 [J]. 中国园林，1987（02）：48-50.

[12] 孔绍祥. 试论风景名胜区居民社区系统规划 [J]. 广东园林，1994（01）：14-17.

[13] 山西省城乡规划设计研究院. 五台山风景名胜区总体规划（2003—2020）[R]. 2003.

[14] 四川省城乡规划设计研究院. 九寨沟景区总体规划（2000—2020）[R]. 2000.

第2章

[1] 杨超. 西方社区建设的理论与实践 [J]. 求实, 2000 (12): 25-26.

[2] 丁元竹. 社区与社区建设:理论、实践与方向 [J]. 学习与实践, 2007 (01): 1; 16-27.

[3] Hillery G A. Definitions of Community: Areas of Agreement [J]. Rural Sociology, 1955, 20:111-123.

[4] 丁元竹, 江汛清. 社会学和人类学对"社区"的界定 [J]. 社会学研究, 1991 (03): 1-8.

[5] 费孝通. 禄村农田 [M]. 北京: 商务印书馆, 1943.

[6] 帕克, 伯吉斯, 麦坎齐. 城市社会学: 芝加哥学派城市研究文集 [M]. 宋俊岭, 吴建华, 译. 北京: 华夏出版社, 1987.

[7] 布朗. 社会人类学方法 [M]. 夏建中, 译. 济南: 山东人民出版社, 1988.

[8] 丁元竹. 社区研究的理论与方法 [M]. 北京: 北京大学出版社, 1995.

[9] 刘玉东. 二十世纪后社区理论综述——以构成要素为视角 [J]. 岭南学刊, 2010 (05): 121-125.

[10] 费孝通. 关于《变动中的中国农村教育的通讯》 [N]. 天津益世报, 1937.

[11] 丁元竹. 社区的基本理论与方法 [M]. 北京: 北京师范大学出版社, 2009.

[12] 于显洋. 社区概论 [M]. 北京: 中国人民大学出版社, 2006.

[13] 李强. 从邻里单位到新城市主义社区——美国社区规划模式变迁探究 [J]. 世界建筑, 2006 (07): 92-94.

[14] 吕斌. 可持续社区的规划理念与实践 [J]. 国外城市规划, 1999 (03): 2-5.

[15] 谭英. 社区感情、社区发展与邻里保护 [J]. 国外城市规划, 1999 (03): 11-15.

[16] 黄怡, 刘璟. 北美农村社区规划法规体系探析——以美国和加拿大为例 [J]. 国际城市规划, 2011 (03): 78-85.

[17] 刘玉亭, 何深静, 魏立华. 英国的社区规划及其对中国的启示 [J]. 规划师, 2009 (03): 85-89.

[18] 钱征寒, 牛慧恩. 社区规划——理论、实践及其在我国的推广建议 [J]. 城市规划学刊, 2007 (04): 74-78.

[19] 孙施文, 邓永成. 开展具有中国特色的社区规划——以上海市为例 [J]. 城市规划汇刊, 2001 (06): 16-18; 51-79.

[20] 杨贵庆，顾建波，庞磊，等. 社区单元理念及其规划实践——以浙江平湖市东湖区规划为例 [J]. 城市规划，2006（08）：87-92.

[21] 杨敏. 南昌豫章街道社区规划实施研究 [D]. 杭州：浙江大学，2006.

[22] 刘君德，张玉枝，刘均宇. 大城市边缘区社区的分化与整合——上海真如镇个案研究 [J]. 城市规划，2000（04）：41-43；64.

[23] 方明，董艳芳，白小羽，等. 注重综合性思考突出新农村特色——北京延庆县八达岭镇新农村社区规划 [J]. 建筑学报，2006（05）：19-22.

[24] 王安庆. 风景名胜区社会系统研究 [J]. 乐山师范学院学报，2001（06）：77-82.

[25] 胡洋. 庐山风景名胜区相关社会问题整合规划方法初探 [D]. 北京：清华大学，2005.

[26] 蔡立力. 风景名胜区的居民社会系统规划——对风景名胜区的积极保护措施 [J]. 中国园林，1987（02）：48-50.

[27] 孔绍祥. 论风景名胜区居民社区系统规划 [J]. 中国园林，2000（04）：7-9.

[28] 李丹丹. 我国风景名胜区居民社会系统研究 [D]. 上海：同济大学，2005.

[29] 赵书彬. 风景名胜区村镇体系研究 [D]. 上海：同济大学，2007.

[30] 王淑芳. 我国风景名胜区与原居民和谐发展模式探讨 [J]. 人文地理，2010（03）：139-143.

[31] 崔志华，郭晓迪. "五个统筹"背景下的风景区居民点调控问题研究 [J]. 北京林业大学学报（社会科学版），2010（02）：73-77.

[32] 罗婷婷. 黄山风景名胜区社区问题与社区规划研究 [D]. 北京：清华大学，2004.

[33] 张杨. 新疆北疆地区风景名胜区居民社会调控规划研究 [D]. 北京：北京建筑工程学院，2010.

[34] 王世媛. 白水寨风景名胜区村庄发展策略研究 [D]. 广州：华南理工大学，2010.

[35] 李银. 茅山风景区——社区和谐发展研究 [J]. 乐山师范学院学报，2010（12）：53-56.

[36] 李军，刘西. 武汉东湖风景名胜区原居民点转型途径与策略研究 [J]. 规划师，2008（09）：42-44.

[37] 潘明霞. 桃源洞——鳞隐石林风景名胜区居民社会调控规划研究 [D]. 福州：福建农林大学，2010.

[38] 杨淑俐，王胡军．风景名胜区居民社会调控规划探析——以龙虎山国家级重点风景名胜区为例 [J]．江苏城市规划，2008（05）：16-19.

[39] 张阳生，姚春丽．特大型风景名胜区居民社会调控刍议——以青海湖国家重点风景名胜区为例 [J]．人文地理，2005（02）：114-118.

[40] 邓路宇．荆州市沱水风景名胜区村庄居民点发展规划研究 [D]．华中农业大学，2011.

[41] 苗蕾．风景名胜区居民点发展模式研究——以崂山风景名胜区为例 [D]．上海：同济大学，2006.

[42] 吴娟．崂山风景区—社区和谐发展研究 [D]．青岛：青岛大学，2009.

[43] 朱世朋，刘畅，唐永顺，等．绿色社区理论在泰山风景区的应用 [J]．环境与可持续发展，2010（05）：53-55.

[44] 王剑，赵媛．风景名胜区旅游发展与农村社区居民权益受损分析——以樟江风景名胜区为例 [J]．人文地理，2009（02）：120-124.

[45] 王斯媛．风景名胜区农民利益保护的法律问题研究 [D]．长沙：湖南大学，2009.

[46] 姚国荣，陆林．基于利益相关者的居民利益要求实证研究——以安徽省九华山风景区为例 [J]．经济地理，2010（07）：1217-1220.

[47] 陈战是．小城镇与风景名胜区协调发展探讨——以桂林漓江风景名胜区内小城镇为例 [J]．城市规划，2005（01）：84-87.

[48] 陶一舟．风景名胜区城市化现象及其对策研究 [D]．上海：同济大学，2008.

[49] 林振福．城镇型风景区的社区发展策略研究——以鼓浪屿为例 [J]．城市规划，2010（10）：78-81.

[50] 陈战是．农村与风景名胜区协调发展研究——风景名胜区内农村发展的思路与对策 [J]．中国园林，2013（07）：51-53.

[51] 陈耀华，金晓峰．新农村建设背景下风景名胜区与居民点互动关系研究——以方山—长屿硐天国家级风景名胜区入口村庄为例 [J]．旅游学刊，2009（05）：43-47.

[52] 欧阳高奇．北京市风景名胜区村庄景观风貌研究 [D]．北京：北京林业大学，2008.

[53] 何小力，欧阳高奇．湖南崀山风景名胜区新农村建设模式探讨 [J]．山西农业大学学报（社会科学版），2011（07）：706-710.

[54] 孙喆．西湖风景名胜区新农村建设的实践与思考 [J]．中国园林，2007（09）：39-45.

[55] 袁雅芳，胡巍．风景名胜区景中村发展现状分析及管理对策 [J]．

安徽农业科学, 2005 (11): 2107-2108.

[56] 侯雯娜, 胡巍, 尤劲, 等. 景中村的管理对策分析——以西湖风景区为例 [J]. 安徽农业科学, 2007 (05): 1348-1350.

[57] 韩宁, 马军山, 卫立群. 风景名胜区 "景中村" 景观整治探讨——以杭州市西湖风景名胜区内村庄为例 [J]. 农业科技与信息 (现代园林), 2011 (03): 34-36.

[58] 王婧. 风景名胜区村落景观的特色与整合 [D]. 南京: 南京林业大学, 2007.

[59] 徐胜, 姜卫兵, 周建涛, 等. 江南地区风景名胜区中新农村建设思路初探——以苏州石湖风景区新南和新北村为例 [J]. 中国农学通报, 2009 (17): 353-357.

[60] 钟乐. 江西风景名胜区村落景观风貌的保护与发展 [D]. 南昌: 江西农业大学, 2011.

[61] 文友华, 范俊芳. 风景区居民系统管理控制模式研究——以湖南崀山风景区民居改造为例 [J]. 规划师, 2011 (08): 67-70.

[62] 李金路, 林鹰. 北京风景名胜区农宅风貌调研 [J]. 中国园林, 2009 (01): 79-82.

[63] 祝佳杰, 宋峰, 包立奎. 基于综合价值评判的风景区村落整治与保护研究: 以浙江江郎山风景名胜区为例 [J]. 中国园林, 2009 (06): 30-33.

[64] 李东和, 张捷, 章尚正, 等. 居民旅游影响感知和态度的空间分异——以黄山风景区为例 [J]. 地理研究, 2008 (04): 963-972; 976.

[65] 李亚. 基于社会成本理论的目的地居民旅游感知比较研究——以河南省万仙山风景区内南坪、郭亮、水磨3个村落为例 [J]. 安徽农业科学, 2008 (02): 665-666; 669.

[66] 席文娟. 居民感知的旅游影响和社区参与研究 [D]. 乌鲁木齐: 新疆大学, 2012.

[67] 尹寿兵, 刘云霞. 风景区毗邻社区居民旅游感知和态度的差异及机制研究——以黄山市汤口镇为例 [J]. 地理科学, 2013 (04): 427-434.

[68] 刘维华. 川西天然林保护区人文景观资源评价及生态旅游发展对社区影响的研究 [D]. 成都: 四川农业大学, 2005.

[69] 李萍. 基于居民旅游影响感知的社区参与研究 [D]. 长沙: 湖南师范大学, 2009.

[70] 刘英杰, 吕迎春. 目的地居民对旅游社会影响的感知态度实证研究——以大梨树风景区为例 [J]. 乡镇经济, 2007 (11): 34-38.

[71] 尹华光，费建杰，谢莎. 生态旅游视角下景区居民利益感知研究——
　　　以武陵源风景区为例 [J]. 湖南大学学报（社会科学版），2011（05）：
　　　81-87.

[72] 李琛，葛全胜，成升魁. 国内旅游目的地居民旅游感知实证研究——
　　　以御道口森林草原风景区为例 [J]. 资源科学，2011（09）：1806-
　　　1814.

[73] 胡善风，余向洋，朱红兵. 山岳型遗产地景区周边居民的社会文化影
　　　响感知研究——以黄山风景区为例 [J]. 合肥工业大学学报(社会科
　　　学版)，2013（06）：29-33.

[74] 柴寿升，龙春凤，常会丽. 基于社区居民感知的景区旅游开发与社区
　　　利益冲突研究——以崂山风景区为例 [J]. 中国海洋大学学报(社会
　　　科学版)，2012（02）：62-67.

[75] 刘轶，格坡铁支. 旅游景区开发中社区利益调整分析——以西昌市邛
　　　海风景区再开发为例 [J]. 现代商贸工业，2010（06）：135-136.

[76] 王凯，谭华云. 凤凰城旅游景区转让后的效应评价 [J]. 中国人
　　　口·资源与环境，2005（04）：37-42.

[77] 黄华芝，王凯. 景区经营权转让失败后的效应评价——以贵州马岭河
　　　景区为例 [J]. 云南地理环境研究，2009（01）：68-72.

[78] 赵越，黎霞. 风景区民居旅馆利益相关者问题研究——以重庆市几个
　　　风景区民居旅馆为例 [J]. 社科纵横(新理论版)，2008（04）：361-
　　　362.

[79] 王健，胡晓. 以博弈论的角度看自然风景区周边乡村社区开展旅游的
　　　能力培训 [J]. 全国商情(经济理论研究)，2007（12）：107-108.

[80] 李然. 风景名胜区的社会问题研究与社区规划初探 [D]. 北京：清
　　　华大学，2003.

[81] 王萌. 风景名胜区周边社区旅游研究 [D]. 北京：清华大学，2005.

[82] 胡晶晶，沈国辉，曹诗图. 基于委托代理理论的旅游社区发展模式研
　　　究——以三峡车溪民俗风景区为例 [J]. 桂林旅游高等专科学校学
　　　报，2006（02）：176-179，211.

[83] 王凤武，张文. 核心景区居民外迁与小城镇建设 [J]. 城乡建设，
　　　2004（09）：42-43.

[84] 李松平. 山岳类风景名胜区居民点外迁与风景资源型新农村建设规划
　　　初探——以衡山风景名胜区为例 [C]//湖南省城乡规划论文集. 2006.

[85] 聂建波. 世界自然遗产地武陵源景区内建筑、居民拆迁研究 [D].
　　　长沙：湖南师范大学，2009.

[86] 王凯，欧艳，黎梦娜，等. 遗产旅游地生态移民影响的实证研究——

以武陵源风景名胜区为例 [J]. 长江流域资源与环境, 2012 (04):
399-405.

[87] 聂璐, 张远. 庐山居民下迁后牯岭街地区更新改造研究 [J]. 安徽农业科学, 2010 (01): 455-457.

[88] 彭瑛. 论黄果树新城旅游移民社区建设 [J]. 安顺学院学报, 2012 (05): 8-10, 26.

[89] 戴光全, 张骁鸣. 风景区规划中的社区旅游理论源流探讨 [J]. 中国园林, 2009 (07): 39-42.

[90] 林爱平. 社区参与角度下的福建土楼旅游开发 [J]. 闽江学院学报, 2009 (06): 88-91.

[91] 李春玲. 风景区的社区公众参与模式研究 [J]. 中国园林, 2006 (11): 90-94.

[92] 任啸. 自然保护区的社区参与管理模式探索——以九寨沟自然保护区为例 [J]. 旅游科学, 2005 (03): 16-19, 25.

[93] 刘剑锋. 旅游地居民参与旅游方式及地位变迁研究——以五台山风景区为例 [J]. 山西煤炭管理干部学院学报, 2012 (01): 72-74.

[94] 刘翠. 世界遗产地保护与周边社区发展的博弈关系分析 [D]. 福州: 福建农林大学, 2010.

[95] 李红英, 李昊民, 杨宇明. 药用植物资源的社区参与式保护途径——以丽江老君山风景名胜区鲁甸乡为例 [J]. 西南农业大学学报(社会科学版), 2012 (10): 6-9.

[96] 刘霞. 中国自然保护区社区共管模式研究 [D]. 北京: 北京林业大学, 2011.

[97] 蒋姮. 自然保护地参与式生态补偿机制研究 [D]. 北京: 中国政法大学, 2008.

[98] 倪婷. 武夷山国家级自然保护区社区参与生态旅游发展研究 [D]. 福州: 福建师范大学, 2010.

[99] 郭进辉. 基于社区的武夷山自然保护区森林生态旅游研究 [D]. 北京: 北京林业大学, 2008.

[100] 张玉波. 生态保护项目对大熊猫栖息地和当地社区的影响 [D]. 北京: 北京林业大学, 2010.

[101] 佟敏. 基于社区参与的我国生态旅游研究 [D]. 哈尔滨: 东北林业大学, 2005.

[102] 戴美琪. 休闲农业旅游对农村社区居民的影响研究 [D]. 长沙: 中南林业科技大学, 2007.

[103] 纪骏杰. 原住民与国家公园共同管理经验: 加拿大与澳洲个案之探

讨 [J]. 国家公园学报，2003，2（13）：103-123.

[104] 卢道杰，陈律伶，撒沙勒，等. 自然保护区发展共管机制的挑战与机会 [J]. 台湾原住民研究季刊，2010，3（2）：91-130.

[105] Phillips A. Turning Ideas on Their Head [J]. The New Paradigm for Protected Areas, 2003: 8-32.

[106] Borrini G, Kothari A, Oviedo G. Indigenous and Local Communities and Protected Areas: Towards Equity and Enhanced Conservation. Best Practice Protected Area Guidelines Series. Gland: IUCN. 2004.

[107] Rössler M. Partners in Site Management. A shift in Focus: Heritage and Community Involvement//Albert M T, Richon M, Viñals M J, et al. Community Development through World Heritage. Paris: UNESCO World Heritage Centre, 2012: 27-30.

[108] Edroma E L. Linking Universal and Local Values for the Sustainable Management of World Heritage Sites. // de Merode E, Smeets H J, Westrik C. Linking Universal and Local Values: Managing a Sustainable Future for World Heritage. Paris: UNESCO World Heritage Centre, 2004: 36-42.

[109] Albert M T, Richon M, Viñals M J, et al. Community Development through World Heritage. Paris: UNESCO World Heritage Centre. 2012.

[110] Galla A. World Heritage: Benefits beyond Borders [M]. Cambridge: University Press, 2012.

[111] Turner M. World Heritage and Sustainable Development [J]. World Heritage, 2012, 65:6-15.

[112] 国家文物局. 世界遗产与可持续发展 [M]. 北京：文物出版社，2012.

[113] 杭州市园林文物局. 传承与共生——世界文化遗产与社区发展研究 [M] //国家文物局. 世界遗产与可持续发展. 北京：文物出版社，2012.

[114] The Countryside Agency. National Park Management Plans-Guidance （CA216）[EB/OL]. [2014-01-02]. www.ccgc.gov.uk/pdf/Nationl%20pks%20final.PDF.

[115] 王应临，杨锐，埃卡特兰格. 英国国家公园管理体系评述 [J]. 中国园林，2013（09）：11-19.

[116] 王连勇. 加拿大国家公园规划与管理 [M]. 重庆：西南大学出版

社，2003.

[117] Layton R. Uluru: An Aboriginal History of Ayers Rock [M].
Canberra: Aboriginal Studies Press, 2001.

[118] 王应临. 尼泊尔保护地缓冲区管理研究 [C] //清华大学建筑学院.
清华大学建筑学院博士生论坛论文集. 北京：清华大学建筑学院,
2010.

第3章

[1] 国风. 中国农村的历史变迁 [M]. 北京：经济科学出版社, 2006.

[2] 方向新. 农村变迁论：当代中国农村变革与发展研究 [M]. 长沙：湖
南人民出版社, 1998.

[3] 张健. 中国社会历史变迁中的乡村治理研究 [M]. 北京：中国农业出
版社, 2012.

[4] 孟祥林，王印传. 新型城乡形态下的农村城镇化问题研究 [M]. 北京：
经济科学出版社, 2011.

[5] 王勇辉. 农村城镇化与城乡统筹的国际比较 [M]. 北京：中国社会科
学出版社, 2011.

[6] 张晓，钱薏红. 自然文化遗产对当地农村社区发展的影响——以北京
市为例 [J]. 旅游学刊, 2006（02）：13-20.

[7] 赵书彬. 风景名胜区村镇体系研究 [D]. 上海：同济大学, 2007.

[8] 王淑芳. 我国风景名胜区与原居民和谐发展模式探讨 [J]. 人文地
理, 2010（03）：139-143.

[9] 陈勇. 风景名胜区发展控制区的演进与规划调控 [D]. 上海：同济大
学, 2006.

[10] 中华人民共和国建设部中国建筑设计研究院. 村镇规划标准GB
50188—2007 [S]. 北京：中国建筑工业出版社, 2007.

[11] 中国农业百科全书总编辑委员会，林业卷编辑委员会，中国农业百科
全书编辑部. 中国农业百科全书·林业卷·下 [M]. 北京：农业出
版社, 1989.

[12] 许春晓. 林场居民对生态旅游开发的认知状态研究 [J]. 农业系统
科学与综合研究, 2005（03）：190-192; 195.

[13] 农业大词典编辑委员会. 农业大词典 [M]. 北京：中国农业出版社,
1998.

[14] 陈战是. 农村与风景名胜区协调发展研究——风景名胜区内农村发展
的思路与对策 [J]. 中国园林, 2013（07）：51-53.

[15] 杭州市园林文物局. 传承与共生——世界文化遗产与社区发展研究

[M] //国家文物局. 世界遗产与可持续发展. 北京：文物出版社，2012：241-278.

[16] 张国强，贾建中. 风景规划：《风景名胜区规划规范》实施手册 [M]. 北京：中国建筑工业出版社，2003.

第4章

[1] The Getty Conservation Institute. Report on Research[M]// Rami E A, Mason R. Values and Heritage Conservation. Los Angeles: The Getty Conservation Institute, 2000: 3-12.

[2] Throsby D. Economic and Cultural Value in the Work of Creative Artists [M] // Rami E A, Mason R. Values and Heritage Conservation. Los Angeles: The Getty Conservation Institute, 2000 26-31.

[3] Bluestone D. Challenges for Heritage Conservation and the Role of Research on Values [M] // Rami E A, Mason R. Values and Heritage Conservation. Los Angeles: The Getty Conservation Institute, 2000.

[4] Lowenthal D. Stewarding the Past in a Perplexing Present [M] // Rami E A, Mason R. Values and Heritage Conservation. Los Angeles: The Getty Conservation Institute, 2000: 18-25.

[5] Pearce S M. The Making of Cultural Heritage [M] // Rami E A, Mason R. Values and Heritage Conservation. Los Angeles: The Getty Conservation Institute, 2000.

[6] Satterfield T. Numbness and Sensitivity in the Elicitation of Environmental Values [M] // de la Torre M. Assessing the Values of Cultural Heritage [M]. Los Angeles: The Getty Conservation Institute, 2002.

[7] Groot R D. Functions of Nature: Evaluation of Nature in Environmental Planning, Management and Decision Making [M]. Groningen: Wolters-Noordhoff BV, 1992.

[8] Pearce D W, Turner R K. Economics of Natural Resources and the Environment [M]. Baltimore: The Johns Hopkins University Press, 1990.

[9] Rolston H. Conserving Natural Value [M]. Columbia: Columbia University Press, 1994.

[10] KELLERT S R. The Value of Life: Biological Diversity and

Human Society. Washington, D. C.: Island Press, 1995.

[11] Serageldin M. Preserving the Historic Urban Fabric in a Context of Fast-Paced Change [M] // Rami E A, Mason R. Values and Heritage Conservation. Los Angeles: The Getty Conservation Institute, 2000: 51-58.

[12] 朱畅中. 风景名胜区的建设 [M] //风景名胜研究. 上海：同济大学出版社, 1988: 10-11.

[13] 徐嵩龄. 自然资源的价值表达及其在经济系统中的配置原则 [J]. 生态经济, 1996 (3): 8-9.

[14] 王秉洛. 国家自然文化遗产及其所处环境的分类价值 [M] //张晓, 郑玉歆. 中国自然文化遗产资源管理. 北京：社会科学文献出版社, 2001: 24-26.

[15] 郑易生. 自然文化遗产的价值与利益 [J]. 经济社会体制比较, 2002 (02): 82-85.

[16] 刘治兰. 关于自然资源价值理论的再认识 [J]. 北京行政学院学报, 2002, 5: 47-50.

[17] 谢凝高. 国家风景名胜区功能的发展及其保护利用 [J]. 中国园林, 2005 (07): 1-8.

[18] 陈耀华, 刘强. 中国自然文化遗产的价值体系及保护利用 [J]. 地理研究, 2012 (06): 1111-1120.

[19] 张书琛. 西方价值哲学思想简史 [M]. 北京：当代中国出版社, 1998.

[20] 阮青. 价值哲学 [M]. 北京：中共中央党校出版社, 2004.

[21] 石磊, 崔晓天, 王忠. 哲学新概念辞典 [M]. 哈尔滨：黑龙江人民出版社, 1988.

[22] 李鑫生, 蒋宝德. 人类学辞典 [M]. 北京：北京华艺出版社, 1990.

[23] 董学文, 江溶. 当代世界美学艺术学辞典 [M]. 南京：江苏文艺出版社, 1990.

[24] 时蓉华. 社会心理学词典 [M]. 成都：四川人民出版社, 1988.

[25] 宋希仁, 陈劳志, 赵仁光. 伦理学大辞典 [M]. 长春：吉林人民出版社, 1989.

[26] 徐少锦, 温克勤. 伦理百科辞典 [M]. 北京：中国广播电视出版社, 1999.

[27] 豪伊. 边际效用学派的兴起 [M]. 晏智杰, 译. 北京：中国社会科学出版社, 1999.

[28] 梅林海, 邱晓伟. 从效用价值论探讨自然资源的价值 [J]. 生产力

研究，2012，2：18-19；104.

[29] 李创，王丽萍. 西方经济学（微观部分）[M]. 北京：清华大学出版社，2010.

[30] THROSBY D. 经济学与文化 [M]. 王志标，张峥嵘，译. 北京：中国人民大学出版社，2011.

[31] Farley J. Conservation through the Economics Lens. Environmental Management, 2010, 45(1):26-38.

[32] 王应临，杨锐，埃卡特兰格. 英国国家公园管理体系评述 [J]. 中国园林，2013（09）：11-19.

[33] 比尼亚斯. 当代保护理论 [M]. 张鹏，张怡欣，吴霄婧，译. 上海：同济大学出版社，2012.

[34] Bishop R C. Option Value: an Exposition and Extension [J]. Land Economics, 1982, 58(1):1-15.

[35] 应臻. 城市历史文化遗产的经济学分析 [D]. 上海：同济大学，2008.

[36] 晏智杰. 边际革命和新古典经济学 [M]. 北京：北京大学出版社，2004.

[37] 林左鸣. 广义虚拟经济：二元价值容介态的经济 [M]. 北京：人民出版社，2010.

[38] 晏智杰. 经济价值论再研究 [M]. 北京：北京大学出版社，2005.

[39] 白暴力. 价值价格通论 [M]. 北京：经济科学出版社，2006.

[40] 贾丁斯. 环境伦理学：环境哲学导论 [M]. 3版. 林官明，杨爱民，译. 北京：北京大学出版社，2002.

[41] Mourato S, Mazzanti M. Economic Valuation of Cultural Heritage: Evidence and Prospects [M] // de la Torre M. Assessing the Values of Cultural Heritage. Los Angeles: The Getty Conservation Institute, 2002: 51-76.

[42] Low S M. Anthropological-Ethnographic Methods for the Assessment of Cultural Values in Heritage Conservation [M] // de la Torre M. Assessing the Values of Cultural Heritage. Los Angeles: The Getty Conservation Institute, 2002: 31-50.

[43] Mason R. Assessing Values in Conservation Planning: Methodological Issues and Choices [M] // de la Torre M. Assessing the Values of Cultural Heritage. Los Angeles: The Getty Conservation Institute, 2002: 5-30.

[44] Krannich R S. Social Change in Natural Resource-based Rural

Communities: the Evolution of Sociological Research and Knowledge as Influenced by William R. Freudenburg. J Environ Stud Sci, 2012 (2):18-27.

[45] Scottish Natural Heritage. Commissioned Report No. 093: Loch Lomond and the Trossachs Landscape Character Assessment [EB/OL]. [2013-12-26]. http://www.snh.org.uk/publications/online/LCA/lltlca.pdf.

[46] CNPA. Building the Toolkit [EB/OL]. [2013-12-26]. http://cairngorms.co.uk/uploads/documents/Building_the_Toolkit.pdf.

[47] NPS. Applied Ethnography Program [EB/OL]. [2014-03-02]. http://www.cr.nps.gov/aad/appeth.htm.

[48] 魏民. 关于风景资源价值核算的思考 [J]. 中国园林, 2009 (12): 11-14.

[49] 吴承照. 可持续管理——风景管理的科学之路 [J]. 中国园林, 2011 (07): 68-71.

[50] 黄文娟, 康祖杰, 杨道德, 等. 参与式乡村评估在壶瓶山自然保护区的初步应用 [J]. 中南林学院学报, 2005 (03): 73-77.

[51] 刘庆余, 李娟, 张立明, 等. 遗产资源价值评估的社会文化视角 [J]. 人文地理, 2007 (02): 47; 98-101.

[52] 张柔然. 建立世界遗产价值评估与监测体系的探讨 [J]. 城市规划, 2011 (S1): 36-42.

[53] 张杰, 陶金, 霍晓卫. 历史文化名城遗产保护价值评估——意愿价值评估法在喀什老城中的运用 [J]. 国际城市规划, 2013 (03): 106-110.

[54] 马勇, 李莉. 文化遗产地旅游资源价值评估体系研究 [J]. 旅游学研究, 2007 (00): 122-126.

[55] 刘滨谊, 王云才. 论中国乡村景观评价的理论基础与指标体系 [J]. 中国园林, 2002 (05): 77-80.

[56] 王云才, 史欣. 传统地域文化景观空间特征及形成机理 [J]. 同济大学学报 (社会科学版), 2010 (01): 31-38.

[57] Defra. Sustainable Development Indicators in Your Pocket 2009 [EB/OL]. [2014-01-20]. https://www.gov.uk/government/.../pb13265-sdiyp-2009-a9-090821.pdf.

[58] ONS. Measuring National Well-being: Life in the UK [EB/OL]. [2013-06-23]. www.ons.gov.uk/Home /Publications.

[59] 北京大学. 世界文化遗产地可持续发展模式与评估体系研究 [M] //

国家文物局. 世界遗产与可持续发展. 北京：文物出版社，2012：177-240.

[60] 李强，史玲玲，叶鹏飞，等. 探索适合中国国情的社会影响评价指标体系 [J]. 河北学刊，2010（01）：106-112.

[61] 徐婧璇，符国基，王玉君. 国内旅游可持续发展评价指标体系研究综述 [J]. 旅游论坛，2013（05）：45-50.

[62] 叶舒娟，杨效忠，赵倩，等. 旅游村评价指标体系研究——以安徽省旅游村为例 [J]. 云南地理环境研究，2010（01）：82-87.

[63] 樊军辉. 我国旅游景区服务质量及其标准体系的研究 [D]. 石家庄：河北师范大学，2007.

[64] 王云才. 传统地域文化景观之图式语言及其传承 [J]. 中国园林，2009（10）：73-76.

[65] 郑童，吕斌，张纯. 基于模糊评价法的宜居社区评价研究 [J]. 城市发展研究，2011（09）：118-124.

[66] 李晓曼. 多民族地区构建经济社会和谐系统评价研究 [D]. 乌鲁木齐：新疆大学，2009.

第5章

[1] 山西省城乡规划设计研究院. 五台山风景名胜区总体规划修编（2007—2020）[R].

[2] 邬东璠，庄优波，杨锐. 五台山文化景观遗产突出普遍价值及其保护探讨 [J]. 风景园林，2012（01）：74-77.

[3] 山西旅游景区志丛书编委会. 五台山志. 太原：山西人民出版社，2001.

[4] 慧宏. 五台山佛教文化对忻州民俗文化的影响 [EB/OL]. (2010-06-09)[2013-12-06]. http://www.mzb.com.cn/html/report/130971-1.htm.

[5] 王引兰. 五台山佛教文化中的环境伦理思想 [J]. 五台山研究，2002（04）：23-26.

[6] 朱远峰. 五台山记 [M] //山西旅游景区志丛书编委会. 五台山志. 太原：山西人民出版社，2001：361-362.

[7] 赵慧. 唐宋时期五台山景观资源及旅游活动研究 [D]. 洛阳：河南大学，2008.

[8] 五台县志编纂委员会. 五台县志 [M]. 太原：山西人民出版社，1988.

[9] 袁希涛. 游五台山记 [M] //山西旅游景区志丛书编委会. 五台山志. 太原：山西人民出版社，2001：359-361.

[10] 张剑雯. "十一"黄金周五台山迎客33.1万人次 [N]. 山西经济日报.

[11] 薛燕妮. 五台山生态旅游的客流有序疏导模式研究 [D]. 太原：山西大学，2013.

[12] 司万维克，高枫. 英国景观特征评估 [J]. 世界建筑，2006（07）：23-27.

[13] 薄圣亮，张建新. 晋北民居习俗初探 [J]. 民俗研究，1995（04）：43-46.

[14] 忻州市统计局. 忻州统计年鉴2012 [M]. 北京：中国统计出版社，2012.

[15] 毕晋锋. 佛教生态哲学的理论与实践——五台山生态文化实践探析 [J]. 自然辩证法研究，2013（05）：122-126.

第6章

[1] 杰索普，漆芜. 治理的兴起及其失败的风险：以经济发展为例的论述 [J]. 国际社会科学杂志(中文版)，1999（01）：31-48.

[2] 全球治理委员会. 我们的全球伙伴关系 [M]. 牛津：牛津大学出版社，1995.

[3] 金太军. 村庄治理与权力结构 [M]. 广州：广东人民出版社，2008.

[4] 张晓. 中国自然文化遗产分权化（属地）管理体制评论 [M] // 张晓. 加强规制：中国自然文化遗产资源保护管理与利用. 北京：社会科学文献出版社，2006：22-46.

[5] 魏民. 试论风景名胜资源的价值 [J]. 中国园林，2003（03）：25-28.

[6] 赵京兴. 中国国家风景名胜区管理的性质——法与经济分析 [J]. 中国园林，2002（02）：33-36.

[7] 田喜洲，蒲勇健. 透视国家风景区的门票价格问题 [J]. 价格理论与实践，2005（11）：26-27.

[8] 王云龙. 依托自然文化遗产发展旅游业的资源配置问题研究 [J]. 江西财经大学学报，2004（02）：63-65；93.

[9] 柯武刚，史漫飞. 制度经济学：社会秩序与公共政策 [M]. 韩朝华，译. 北京：商务印书馆，2000.

[10] 徐勇. "绿色崛起"与"都市突破"——中国城市社区自治与农村村民自治比较 [J]. 学习与探索，2002（04）：32-37.

[11] 陈伟东. 社区自治：自组织网络与制度设置 [M]. 北京：中国社会科学出版社，2004.

[12] 贾建中. 我国风景名胜区发展和规划特性 [J]. 中国园林，2012（11）：11-15.

[13] 曾彩琳. 风景名胜区保护利用与居民权益保障的冲突与协调 [J]. 中国园林, 2013 (07): 54-57.

[14] 宁肇刚. 景区扩建补偿方案谈不拢, 村民阻施工被打伤 [EB/OL]. (2011-11-26) [2014-01-11]. http://www1.nfncb.cn//portal.php?mod=view&aid=58904.

[15] 陈战是. 农村与风景名胜区协调发展研究——风景名胜区内农村发展的思路与对策 [J]. 中国园林, 2013 (07): 51-53.

[16] 张晓, 钱薏红. 自然文化遗产对当地农村社区发展的影响——以北京市为例 [J]. 旅游学刊, 2006 (02): 13-20.

[17] 庞淼. 后退耕还林时期农户占有产权的理论阐释及林权改革的政策影响——以四川省为例 [J]. 经济体制改革, 2011 (01): 93-96.

[18] 罗细芳, 刘强. 退耕还林之生态林采伐问题分析与探讨 [J]. 华东森林经理, 2010 (01): 17-19.

[19] Heilbroner R L. An Inquiry into the Human Prospect [M]. New York: Norton, 1974.

[20] Ehrenfeld D W. Conserving Life on Earth [M]. Oxford: Oxford University Press New York, 1972.

[21] Carruthers I D, Stoner R. Economic Aspects and Policy Issues in Groundwater Development [M]. Washington D. C.: World Bank, 1981.

[22] Demsetz H. Toward a Theory of Property Rights [J]. The American Economic Review, 1967, 57(2):347-359.

[23] Smith R J. Resolving the Tragedy of the Commons by Creating Private Property Rights in Wildlife [J]. Cato Journal, 1981(2):439-468.

[24] Farley J, Batker D, de La Torre I, et al. 2010. Conserving Mangrove Ecosystems in the Philippines: Transcending Disciplinary and Institutional Borders [J]. Environmental Management, 2010, 45(1):39-51.

[25] Dowie M. Conservation Refugees: The Hundred-year Conflict between Global Conservation and Native Peoples [M]. Cambridge: MIT Press, 2009.

[26] 奥斯特罗姆. 公共事物的治理之道: 集体行动制度的演进 [M]. 余逊达, 陈旭东, 译. 上海: 上海译文出版社, 2012.

[27] 刘魁立, 高丙中. 阿拉善生态环境的恶化与社会文化的变迁 [M]. 北京: 学苑出版社, 2007.

[28] 孟泽思. 清代森林与土地管理 [M]. 赵珍, 译. 北京: 中国人民大

学出版社.

[29] 任承统. 经营村有林的好处和办法 [M]. 南京：金陵大学农学院，1930.

[30] 杨伟兵. 云贵高原的土地利用与生态变迁：1659—1912 [M]. 上海：上海人民出版社，2008.

[31] 朱洪启. 地方性知识的变迁与保护——以浙江青田龙现村传统稻田养鱼体系的保护为例 [J]. 广西民族大学学报(哲学社会科学版)，2007（04）：22-27.

[32] 董海荣. 社会学视角的社区自然资源管理研究 [D]. 北京：中国农业大学，2005.

[33] 古开弼. 我国历代保护自然生态与资源的民间规约及其形成机制——以南方各少数民族的民间规约为例 [J]. 北京林业大学学报(社会科学版)，2005（01）：40-48.

[34] 费孝通，刘豪兴. 乡土中国 [M]. 北京：生活·读书·新知三联书店，1985.

[35] 罗家德. 自组织——市场与层级之外的第三种治理模式 [J]. 比较管理，2010（02）：1-12.

[36] 陈伟东. 城市社区自治研究 [D]. 武汉：华中师范大学，2003.

[37] 陈伟东，李雪萍. 社区自组织的要素与价值 [J]. 江汉论坛，2004（03）：114-117.

[38] 罗家德，李智超. 乡村社区自组织治理的信任机制初探——以一个村民经济合作组织为例 [J]. 管理世界，2012（10）：83-93；106.

[39] 吴彤. 自组织方法论研究 [M]. 北京：清华大学出版社，2001.

[40] Ellis F. Rural Livelihoods and Diversity in Developing Countries [M]. Oxford: Oxford University Press, 2000.

[41] Sunderlin W D, Angelsen A, Belcher B, et al. Livelihoods, Forests, and Conservation in Developing Countries: An Overview [J]. World Development, 2005, 33(9):1383-1402.

[42] Budowski G. Tourism and Environmental Conservation: Conflict, Coexistence, or Symbiosis? [J].Environmental Conservation, 1976, 3(01):27-31.

[43] Cater E, Lowman G. Ecotourism: A Sustainable Option? [M] Hoboken: John Wiley & Sons, Inc, 1994.

[44] Salafsky N, Wollenberg E. Linking Livelihoods and Conservation: a Conceptual Framework and Scale for Assessing the Integration of Human Needs and Biodiversity [J]. World Development, 2000,

28(8):1421-1438.

[45] Nyaupane G P, Poudel S. Linkages among Biodiversity, Livelihood, and Tourism [J]. Annals of Tourism Research, 2011, 38(4):1344-1366.

[46] Chambers R, Conway G. Sustainable Rural Livelihoods: Practical Concepts for the 21st Century [M] // IDS Discussion Paper 296. Brighton: Institute of Development Studies, 1992.

[47] MARTHA G R, 杨国安. 可持续发展研究方法国际进展——脆弱性分析方法与可持续生计方法比较 [J]. 地理科学进展, 2003 (01): 11-21.

[48] Cattermoul B, Townsley P, Campbell J. Sustainable Livelihoods Enhancement and Diversification (SLED): A Manual for Practitioners [J]. Gland: IUCN, 2008.

[49] 张丽琴. 乡村社会纠纷处理过程的叙事与反思 [M]. 北京: 中国社会科学出版社, 2013.

[50] Cooperrider D, Whitney D K. Appreciative Inquiry: A Positive Revolution in Change [M]. San Francisco: Berrett-Koehler Publishers, 2005.

[51] Ashford G, Patkar S. The Positive Path: Using Appreciative Inquiry in Rural Indian Communities [M]. Manitoba: International Institute for Sustainable Development Winnipeg, 2001.

[52] Cooperrider D L, Whitney D K, Stavros J M. Appreciative Inquiry Handbook [M]. San Francisco: Berrett-Koehler Publishers, 2003.

[53] Nyaupane G P, Poudel S. Application of Appreciative Inquiry in Tourism Research in Rural Communities [J]. Tourism Management, 2012, 33(4):978-987.

[54] Soeftestad L T. Community-Based Natural Resource Management: Knowledge Management and Knowledge Sharing in the Age of Globalization [EB/OL]. [2014-01-02]. Http://www. cbnrm. Net.

[55] Tallis H, Kareiva P, Marvier M. An Ecosystem Services Framework to Support Both Practical Conservation and Economic Development [J]. Proceedings of the National Academy of Sciences, 2008, 105 (28):9457-9464.

[56] Redford K H, Stearman A M. Forest-Dwelling Native Amazonians and the Conservation of Biodiversity: Interests in Common or

in Collision? [J].Conservation Biology, 1993, 7(2):248-255.

[57] Hackel J D. Community Conservation and the Future of Africa's Wildlife [J]. Conservation Biology, 1999, 13(4):726-734.

[58] Chapin M. A Challenge to Conservationists [J]. World Watch, 2004, 17(6):17-31.

[59] 周丹丹. 风景的商品化与民间社会的自我保护——肇兴侗寨个案 [D]. 北京：清华大学，2011.

[60] 田野，毕向阳. 我们深信社区是可以改变的——台湾省社区营造运动之启示 [J]. 国外城市规划，2006（02）：35-39.

第7章

[1] 庄优波，杨锐. 世界自然遗产地社区规划若干实践与趋势分析 [J]. 中国园林，2012（09）：9-13.

[2] Lefebvre H, Nicholson-Smith D. The Production of Space [M]. Oxford: Blackwell, 1991.

[3] 庄优波. 风景名胜区总体规划环境影响评价研究 [D]. 北京. 清华大学，2007.

[4] 孙施文，殷悦. 西方城市规划中公众参与的理论基础及其发展 [J]. 国外城市规划，2004（01）：15-20；14.

[5] 陈锦富. 论公众参与的城市规划制度 [J]. 城市规划，2000（07）：54-57.

[6] 孙施文. 城市规划中的公众参与 [J]. 国外城市规划，2002（02）：1-14.

[7] 李艳芳. 美国的环境影响评价公众参与制度 [J]. 环境保护，2001（10）：33-34.

[8] 侯小伏. 英国环境管理的公众参与及其对中国的启示 [J]. 中国人口·资源与环境，2004（05）：127-131.

[9] 桑燕鸿，吴仁海，陈国权. 中国环境影响评价公众参与有效性的分析 [J]. 陕西环境，2001（02）：30-32.

[10] 许晓青，杨锐. 美国世界自然及混合遗产地规划与管理介绍 [J]. 中国园林，2013（09）：30-35.

[11] 贾丽奇，杨锐. 澳大利亚世界自然遗产管理框架研究 [J]. 中国园林，2013（09）：20-24.

[12] 赵智聪，庄优波. 新西兰保护地规划体系评述 [J]. 中国园林，2013（09）：25-29.

[13] 彭琳，杨锐. 日本世界自然遗产地的"组合"特征与管理特点 [J].

中国园林，2013（09）：41-46.

[14] Harris R. Why Dialogue is Different. The Environment Council. 2000.

[15] Bradfield Parish Council Offices. EXTRACTED VERSION OF THE LOXLEY VALLEY DESIGN STATEMENT: The Loxley Valley Design Statement [EB/OL].［2014-01-04］. http://resources. peakdistrict. gov. uk/ctte/policy/reports/2004/040206item6- 5App1. pdf.

第8章

[1] 南坪县地方志编纂委员会. 南坪县志［M］. 北京：民族出版社， 1994.

[2] 张善云，黄天鹗. 九寨沟志［M］. 成都：四川民族出版社，1990.

[3] 四川省九寨沟县地方志编纂委员会. 九寨沟县年鉴1986～1998［M］. 成都：巴蜀书社，2000.

[4] 石璇，李文军，王燕，等. 保障保护地内居民受益的自然资源经营方式——以九寨沟股份制为例［J］. 旅游学刊，2007（03）：12-17.

[5] 任啸. 自然保护区的社区参与管理模式探索——以九寨沟自然保护区为例［J］. 旅游科学，2005（03）：16-19，25.

[6] 四川省城乡规划设计研究院. 九寨沟景区总体规划（2000—2020）［R］.

[7] 熊世尧. 藏汉合璧风貌独殊——论九寨沟、黄龙地区藏寨特色［J］. 四川建筑，1995（01）：46-48，50.

[8] 阳·泽仁布秋. 九寨沟藏民族文化散论［M］. 成都：四川民族出版社，2001.

[9] 刘婕，曾涛，蔡红霞，等. 九寨沟旅游开发对安多藏民族文化的影响［J］. 资源科学，2004（04）：57-64.

第9章

[1] 住房和城乡建设部. 中国风景名胜区事业发展公报（1982—2012）［R］.

致 谢

本书的撰写和出版受到众多师友的指导和支持,在此致以衷心感谢。

首先要感谢导师清华大学建筑学院杨锐教授在本书撰写过程中的悉心指导。能够成为他的学生是我一生的荣幸。在学术研究的启蒙和成长阶段,导师严谨的治学态度、广阔的学术视野和睿智的为人之道为我照亮前方的道路,也令我受益终生。

在参与九寨沟规划期间,与作为项目负责人的清华大学建筑学院庄优波老师进行了多次讨论,为本书提供了扎实的实践基础。而在本书写作的苦闷时期,清华大学建筑学院景观学系的赵智聪、许晓青、彭琳、张振威、廖凌云等师门同窗之间的共勉给予我莫大的动力,还有其他景观学系老师和同学的热心帮助,在此表示感谢。

感谢张杰教授、党安荣教授、朱育帆教授、李雄教授对本书提出的宝贵建议。在英国谢菲尔德大学景观系进行的6个多月交流访问期间,系主任Eckart Lange教授、前系主任Paul Selman教授、Carys Swanwick教授为本书的对比研究提供了热心指导与帮助,不胜感谢。感谢我的学生北京林业大学王舒对书稿的整理工作。

感谢家人朋友的无限耐心和默默支持,使我能够悠然走在漫长无尽的学术研究之路上。

最后,感谢一直以来能够对风景园林学这一学科领域始终保持热情的自己,尽管期间也曾迷茫,但这一长期而持续积累的科学研究过程将永远不可磨灭。